JN274582

気候変動の考古学

安斎正人

同成社

まえがき

　地質学を基盤とする最近の「地考古学」(geoarchaeology) の発展によって、過去の気候変化に関するデータが集積されてきた。とりわけ深海底堆積物コア分析（有孔虫化石の殻に含まれている酸素同位体（^{16}O と ^{18}O）の比率を使って過去の水温を算出する。冷たい海にすむ生物の殻は ^{18}O の濃度が高い）と、極地氷床コアの分析（寒冷期に形成された氷は ^{18}O の濃度が高い）の結果、過去に起こった気候変化をたいへん広範囲に、また高い精度で復元できるようになった。一方、考古資料の放射性炭素年代測定においても、加速器質量分析 (AMS) 法による精度の高い測定と、その測定値の較正年代の採用によって、復元された過去の気候変化と考古資料との照合が可能になってきて、人類史上の大きな変化期が気候の大きな変動期と関連していることが分かってきた。

　地球の公転軌道の変化で氷河期が始まったという説は、セルビア人ミルティン・ミランコビッチ（1879～1958）が作成した「ミランコビッチ曲線」（1924 年に出版された気候学者ウラジミール・ケッペンと地質学者アルフレート・ウェゲナーの著書『地質学的な過去の気候』に掲載された）で広く知られるようになった。その後長く忘れられていたが、ケンブリッジ大学の地球物理学者ニック・シャックルトンの研究がきっかけになり、ミランコビッチ曲線と氷河期の気候サイクルについて新たな研究が始まって、ミランコビッチが正しかったことが裏づけられた。シャックルトンは大西洋南部で採取された深海コアＶ28-238 を分析し、同位体比から現在の間氷期を 1 とし、2 万 1000 年前にあった最終氷期の最盛期を 2 として、過去に遡ってそれぞれの間氷期と氷期に順番に番号をつけ、氷河期を 19 のステージに分けた。その研究結果は 1976 年に発表された。

氷河期がどうして始まったかはまだ十分に説明されていないが、250万年前頃、鮮新世の温暖で穏やかな気候から20万年足らずの間に、氷河期に入ったようである。過去250万年の間に50以上の氷期があったことがわかった。さらに、氷期・間氷期のサイクルは、250万年前から100万年前までは4万1000年周期で起こり、100万年前からは10万年周期で起きていることも判明している。この気候の変化は「中期更新性の気候大変動」と呼ばれている。100万年前より前の間氷期の中で、直近の5回の間氷期と同程度の温かさとなったのは、110万年前、130万年前、220万年前の3回だけである。100万年前以降の気候の記録は「のこぎりの歯」のような形になっており、氷期に入るまでの寒冷化が8万年もかかっているのに対し、間氷期に向けた温暖化が4000年足らずで終わっている。50万年前以降に起きた5回の間氷期（およそ42万年前、34万年前、24万年前、13万年前、1万2000年前）には、CO_2濃度がきわめて高かったことがわかっている（**図1**）。

過去40万年間は鋸歯状の寒暖のパターンが一定している。長くゆっくりした冷涼な時期と、急激な気温の上昇によって突然に終わる氷期があり、そして10万年ごとに現われておよそ1万年間続く間氷期が挟まる。この長期のパター

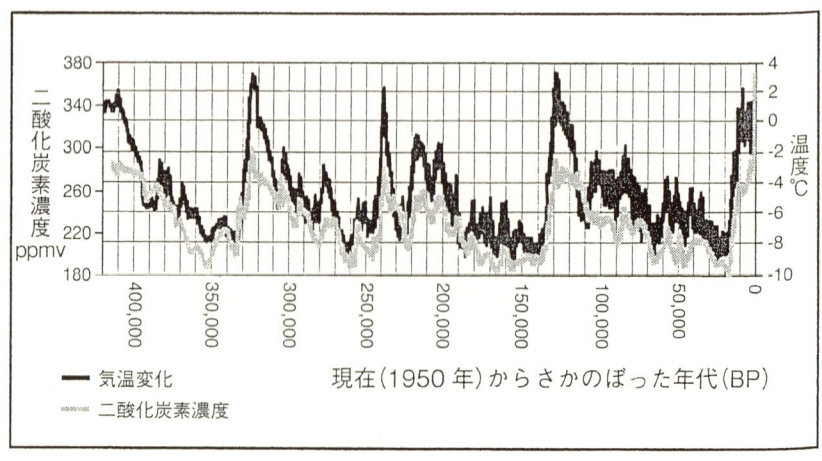

図1 南極大陸ヴォストーク基地の氷床コアから判明した過去42万年間の気候変動

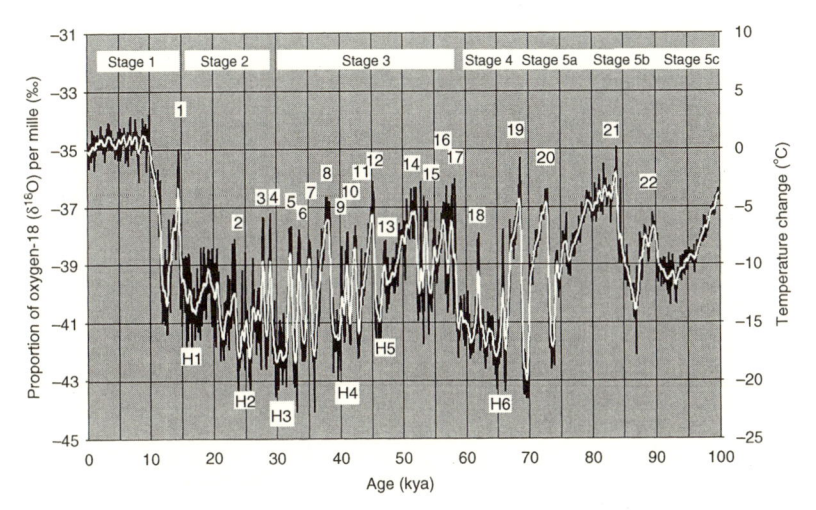

図2　最近10万年間の気温の変化（Burroughs 2005）

- 黒線：グリーンランドの氷床コア（GISP2）の酸素同位体（$\delta^{18}O$）データの50年間ごとの平均
- H付きアラビア数字（H1～H6）：ハインリッヒ・イベント寒冷期
- stage（1～5c）：深海底堆積物コアの酸素同位体ステージで奇数は温暖期、偶数は寒冷期
- アラビア数字（1～20）：ダンスガード／オシュガー・イベント温暖期

ンにおよそ2万年ごとの短期的な周期性がかぶさっている。最後の氷期の間には7万5000年前から1万5000年前に「ダンスガード／オシュガー・イベント」が20回くらい認められる。他方で7万年前から1万6000年前の間に「ハインリッヒ・イベント」の極寒期が6回確認されている。もっとも寒さが厳しかったのが、2万5000前から1万8000年前で、最寒冷期と呼ばれている（**図2**）。

　厄介なことに、この複雑な気候変動は北半球に一律に適応できるものではなく、氷床の存在、偏西風やモンスーンなど気流の変化、エルニーニョなどの海水温、深層海流などの影響で地域によって変動パターンに違いがある。厚い氷床に覆われたヨーロッパや北米の変動パターンを、周辺に大きな氷床のなかった日本列島にそのままそっくり応用することはできない。グローバルな標準パ

ターンを参照しながら、列島の気候変動の復元が試みられている。

地球の公転軌道は9万6000年周期で楕円の幅が広がったり狭まったりする。地軸の傾きは4万1000年周期で21.8°から24.4°の範囲で変化する。また、地軸が円を描くように振れる歳差運動が2万1000年周期で起きている。地球の公道の変化にともなって地球のさまざまな地域で受ける太陽光の量（太陽エネルギー）も増えたり減ったりする。気候変動は離心率の変動に応じて10万年周期で起きるだけでなく、地軸の傾きの変動によって4万1000年周期でも起き、さらには地球の歳差運動によって2万3000年と1万9000年の周期でも起きていることがわかっている。

気候変動イベントのなかでも最も劇的な変化を起こすものは、「ハインリッヒ・イベント」として知られる。北大西洋に膨大な量の氷を流出させた、北アメリカのローレンタイド氷床の大崩壊の事を指す。海洋学者のハルトムート・ハインリッヒが1988年に記載した。ハインリッヒ・イベントがおきると、氷期の寒冷な状態からさらに気温が3〜6℃下がることが、グリーンランドの氷床コアの分析からわかっている。日本海でも大きな気候変動の跡がのこっている。最終氷期の間、平均で7000年ごとに起きていたと見られている。ハインリッヒ・イベントの間に、「ダンスガード・オシュガー・サイクル」と呼ばれる小さなイベントが1500年ごとに起きていたこともわかっている。ハインリッヒ・イベントが氷期にしか起こらないのに対し、ダンスガート・オシュガー・サイクルは、氷期にも間氷期にも起こる。実際、過去1万年の間に6回の大きなダンスガート・オシュガー・サイクル（完新世では「ボンド・イベント」と呼ばれる）が起こっている。

目　　次

第1章　極寒期を現生人類はどう生き抜いたか……………1
第1節　現生人類（ホモ・サピエンス）の出アフリカ　2
1. ホモ・サピエンス　2
2. カルメル山洞窟群　4
3. 中部／上部旧石器時代移行期の文化　5

第2節　クロマニヨン人の文化　7
1. オーリニャック文化　8
2. グラヴェット文化　13
3. 女性像（ヴィーナス像）　18
4. ソリュートレ文化　22
5. メジン・メジリチ文化　25
6. 上部旧石器時代ヨーロッパの人口推移　28

第2章　更新世／完新世移行期の急激な気候変動に人類はどう対応したか……………………………31
第1節　マドレーヌ文化　32
1. マグダレニアン人の文化　32
2. マドレーヌ文化Ⅰ期・Ⅱ期　33
3. マドレーヌ文化Ⅲ期　35
4. マドレーヌ文化Ⅳ期　36
5. 洞窟壁画　39
6. トナカイ狩猟者の生活　41
7. マドレーヌ文化Ⅴ期　43

8. マドレーヌ文化Ⅵ期　45
  9. マドレーヌ文化期以降　46

第2節　ナトゥーフ文化　48
  1. ナトゥーフ人の文化　48
  2. 農耕起源に関する諸説　49
  3. 新ドリアス理論　51
  4. 更新世／完新世移行期のレバント地方　52
  5. 気候の変化と文化の画期　55
  6. オハロⅡ遺跡　58
  7. 温暖・湿潤期のナトゥーフ文化　60
  8. 新ドリアス期のナトゥーフ文化　62
  9. 先土器新石器時代（PPN）　65

第3節　縄紋化のプロセス　66
  1. 気候変動と縄紋文化の変化　67
  2. もう一つの縄紋化　73
  3. 南九州の旧石器時代　73
  4. 南九州における細石刃石器群に伴なう土器と石鏃　78
  5. 隆帯紋土器期　79
  6. 種子島の遺跡　81
  7. 早期の定住集落　88
  8. 建昌城跡遺跡　89
  9. 加栗山遺跡　91
  10. 永迫平遺跡　92
  11. 前原遺跡　93
  12. 定塚遺跡　95
  13. 上野原遺跡　97
  14. 早期の構造変動　102

第3章　生活世界と超自然界をつなぐ女性像……………… 105
第1節　西アジア　105
　1. シンボル革命　106
　2. 女神の座像　110
　3. メソポタミアの女性土偶　111
　4. ジャルモ期・ハッスーナ期　113
　5. ハラフ期　114
　6. ウバイド期　119

第2節　バルカン諸国　121
　1. 古ヨーロッパ　122
　2. ハマンギア文化　123
　3. ククテニ／トリポリエ文化　126
　4. テッサリア　128

第3節　日本列島　131
　1. 4点の国宝　131
　2. 草創期〜前期の土偶　136
　3. 中期の土偶　139
　4. 後・晩期の土偶　142

第4節　土偶とは何か　147
　1. 梅原猛の憶測　148
　2. 地母神像説　149
　3. 考古学者の近年の取り組み　151
　4. これからの課題　153

付章　気候変動と人類の進化……………………………… 155
第1節　サルからヒトへ　157
　1. 最古の化石人骨　157

2. アルディピテクス属　159
　　3. アウストラロピテクス属　159
　　4. 石器を作る　161
　第2節　ホモ（ヒト）属の登場　162
　　1. ホモ・ルドルフェンシス　162
　　2. 最古の石器　163
　　3. ホモ・エルガステル　164
　　4. ハンドアックスの登場　165
　第3節　アフリカを出る　167
　　1. ドゥマニシ遺跡とウベイディア遺跡　167
　　2. 中国の最古の石器　169
　　3. ホモ・エレクトゥス　170
　　4. 中国の2つの石器伝統　171
　　5. 朝鮮半島への進出　173
　第4節　ホモ・ハイデルベルゲンシス　173
　　1. ホモ・ハイデルベルゲンシス　173
　　2. 石器製作技術の発展　174
　　3. ヨーロッパへの移住　176
　　4. ボックスグローヴ遺跡　177
　　5. ビルツィングスレーベン遺跡　178
　　6. シェーニンゲン遺跡　179
　第5節　ホモ・ネアンデルタレンシス　180

主な引用・参考文献　183
あとがき　187

気候変動の考古学

第1章　極寒期を現生人類はどう生き抜いたか

　現代に生きる私たちの直接の祖先は20万年前ころにアフリカで進化したことが、DNA分析によって明らかにされている。ところで、解剖学的証拠（化石人骨）は見つかっているのであるが、初期のホモ・サピエンスが実際にどのように行動していたのか、よくわかっていない。そこで考古学者や古人類学者が「現代人的行動」と認識している考古学的な証拠から推測するのである。次のようなものがある。

・石器技術における石刃（モード4）方式および石刃を素材とするさまざまな専用の石器
・先端が着脱式の離頭銛や投槍器など木製・骨製の組み合わせ道具
・針などの骨や角や象牙製品、粘土製品、網製品、かご細工など有機質素材の道具
・特定の大型動物を対象とする組織的な狩猟の特殊化・専門化
・小型陸獣、海生資源、植物性資源の獲得など、広範囲の生業
・拠点キャンプを中心とするスケジュール化された生業活動
・貯蔵穴、明確な炉、小屋・テントその他の居住施設など、構造化された居住地
・石材など遠隔地間の交換と物流、情報ネットワークの発達
・副葬品もつ複雑さを増した埋葬様式
・貝殻製首飾り、ダチョウの卵殻のビーズ、象牙のペンダントなど、身体装飾品の出現
・ヴィーナス像など「動産芸術品」と洗練された非常に複雑な"自然主義的"洞窟壁画

・人口密度の急激な増加・集団規模の明白な増大
・シベリア・新大陸・オーストラリアなどより困難な生態環境への進出

以上の考古学的な証拠は、ヨーロッパの上部旧石器時代の前期（4万5000～2万7000年前）の遺跡で多く記録されていて、それ以前の時期にはほとんど見られない。現生人類の解剖学的特徴との間には、多少の時間的な隔たりがある。「現代人的行動」が徐々に生まれてきた証拠が少しずつ出てきているが、5万年前ころに「創造の爆発」を見る研究者もいる。

第1節　現生人類（ホモ・サピエンス）の出アフリカ

1. ホモ・サピエンス

人類進化に関する遺伝子データには細胞核にある染色体のDNA（デオキシリボ核酸）、Y染色体のDNA、ミトコンドリアDNA（mtDNA）の3つがある。母方の系統を通して遺伝されていくmtDNAの変異についての研究結果が1987年に発表された。衝撃的なもので、現在世界中で活動している人間、アフリカ人もヨーロッパ人もアジア人も、すべて1つの種ホモ・サピエンスに属していて、20万年前ころのアフリカの女性（「ミトコンドリア・イヴ」）を共通の祖先にもつというのであった。大きな批判にさらされたが、その後、さらに詳細な分析が行われ、大筋では正しいことが示された。

古人類学の方でも、「ホモ・ヘルメイ」と命名された25万年前のフロリスバード（南アフリカ）、20万年前のオモ・キビシュ2（エチオピア）、15万年前のジェベル・イルー1（モロッコ）、14万年前のラエトリ・ホミニド18、13万年以上前のシンガ（スーダン）など、近年、電子スピン共鳴法（ESR）やウラン系列法による年代測定が行われ、現代人の祖先と想定される化石がアフリカ全域で明らかになってきた。1997年にエチオピアのアワシュ地域のヘルト村で、DNAの解析に基づいた遺伝学者のこの主張を裏づける頭骨化石が見つかった（図3）。この「ヘルト人」の頭蓋容量は1450m^{3}もあり、現代人の平均並かそ

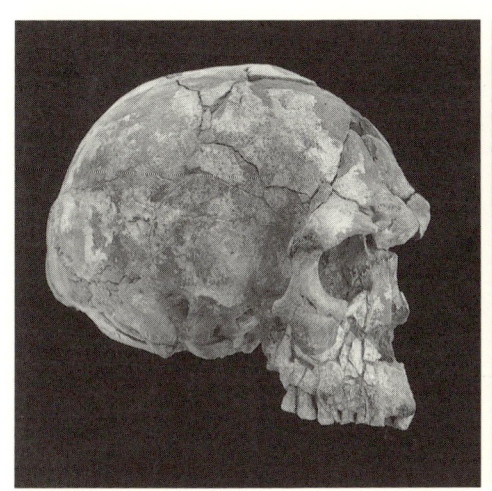

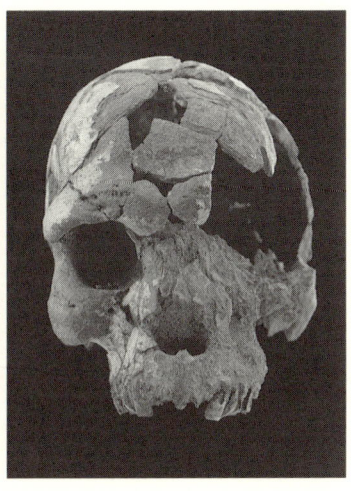

図3 「ヘルト人」の頭骨化石（Zimmer 2005）
　　2003年に報告され、16万年前でホモ・サピエンスの最古の化石の一つである。切痕が見られ、埋葬儀礼にかかわるものかもしれない。

れより大きい。「ヘルト人」が生きていた頃の厳しい環境下で、人口は1万人以下まで減少したという研究者もいる。「ボトルネック現象」である。そのとき、それ以前にあった遺伝的変異の一部は失われ、少人数だったので、新しい遺伝子が共有されるのに時間がかからず、この期間に進化が加速され、新しい種の出現を見たと考えられている。

　アフリカの新しい地域に進出し、新しい生活様式をとるようになった。12万5000年前までに、ある集団は海岸に住み着き、魚釣り、貝の採集、海獣猟さえ行っていた。南アフリカの南岸、クラシー河口洞窟群から出土した化石人骨の断片（11万～7万5000年前）は明らかにサピエンスの特徴を示している。層位に基づく発掘資料は、海産物の利用、石刃や複合的な道具の製作など「現代人的行動」が中期石器時代に出現していたことを明らかにした。動物化石骨から、報告者は次のような生業を想定している。当初、エランドとケープバッファローを主体に、スタインボック、ブッシュバック、ブルーアンテロープなどの陸獣と、アザラシ、イルカなどの海獣が獲られていた。ペンギンの骨や、

魚では大型魚の骨もわずかに残っていた。貝類はカサガイ、タマキビ、イガイなどが採られ、ウミウ、セグロカモメなどの海鳥も獲られていた。その後現在より気温が低くなったようで、以前の草原性動物に比べ森林性のものが増えている。しかし海岸線はなお近かったようで、貝類の利用が増えている。動物種に変化はあるものの、基本的に同様の生業で、大型獣の死肉漁り（フォレイジング）と、幾何学形石器を装着した弓矢での中小型獣猟を営んでいたようだ、と。

南アフリカのブロンボス洞窟遺跡では7万5000年前の層から、酸化鉄の赤色オーカーが顔料として使われていた証拠が出ている。複雑な線刻が施されたオーカーの塊はシンボル的な意味が込められていそうである。

2. カルメル山洞窟群

アフリカを出たホモ・サピエンスが最初に住み着いたのは西アジアのレバント地方である。カルメル山のスフール洞窟とカフゼー洞窟から化石人骨が出ている。この時期のネアンデルタール人骨がタブーン洞窟から出ているが、両者が同一の層から出た例はない。両集団はこの地域に交互に現れて住んでいたか、あるいは共存していたのである。カフゼー洞穴のテラス部分は下層と上層に大別され、石器技術はすべての層で一貫しているが、人骨は下層だけの出土である。鹿角を伴出した11号人骨や、成人女性骨と幼児骨（9号、10号人骨）の共伴例は、彼らの人間的感情を示すものである。熱ルミネッセンス法による年代測定では9万2,000 ± 5000年前である。下層からは数個の貝殻と最少84個のオーカー（酸化鉄）塊も出ている。片面に太く深い溝とそれにやや並行する沈線が描かれ、他の面にそれらと直行する方向で激しく擦ることで生じた窪みをもつ例があり、南アフリカのブロンボス洞窟の事例を連想させる。また赤色に着色されたルヴァロワ型石核（主剥離面の窪みをオーカーの入れ物に転用したと解釈されている）も出ている。ほかに10例ほど色痕を残す石器類が下層から出ている。下層に見られるこれら一連の証拠から、報告者たちは「象徴文化」が存在したと見ているが、芸術的な表現、装飾品、埋葬儀礼など後の時代

に顕現してくる象徴的な行為との間には、まだ大きな隔たりがある。

　スフール洞窟とカフゼー洞窟出土の初期型現生人類は、最後の間氷期の温暖化・乾燥化にともない、この時期の新しい動物群とともにアフリカから移動してきたようである。だが、この初期型現生人類は寒冷な気候への適応能力をもたなかったため、レバント地方を越えてユーラシアに拡散できなかった。そしてその後に続く寒冷化・乾燥化の進行した時期には、アフリカに後退していたらしい。彼らに替わって、ネアンデルタール人がヨーロッパから南下してきた。ネアンデルタール人の化石骨しか見つからないのである。サピエンスは非常に乾燥化した時期をはさみ、その乾燥化の数千年後に再び現れ、上部旧石器時代の開始を告げる石器群（エミリアンとアフマリアン：約4万7000～3万2000年前、酸素同位体ステージ（MIS）3の中・後葉）を残している。

3. 中部／上部旧石器時代移行期の文化

　中部（中期）旧石器時代（約30万～4万年前）は、ヨーロッパや西アジアではネアンデルタール人によって、またアフリカや西アジアでは初期ホモ・サピエンスによって製作された石器群で特徴づけられている。ネアンデルタール人の石器群は、最初に発見された遺跡のひとつであるフランスのル・ムスティエ洞窟の名称からムスティエ文化として知られている。

　以前には中部旧石器時代から上部（後期）旧石器時代への移行期と見られていた石器群は、どちらかといえばヨーロッパの周辺部に分布する。ウルジアン（中部・南イタリア）、ツェレティアン（ハンガリー・南ポーランド・チェコ）、ボフニシャン（チェコ）、ブリンツェニアン（モルドヴァ）、リンコンビアン／ラニシアン／イェジマノヴィシャン（北部ヨーロッパ平原）などと呼ばれる石器群である。全体的に中部旧石器時代の特徴を残しているが、上部旧石器時代の特徴をいくつか含んでいる。ネアンデルタール人が独自に作り出したものか、現生人類との接触によるものなのか、現在も結論は出ていない。フランスのサン＝セゼール遺跡から1979年に、当時ヨーロッパで最古と考えられていた石

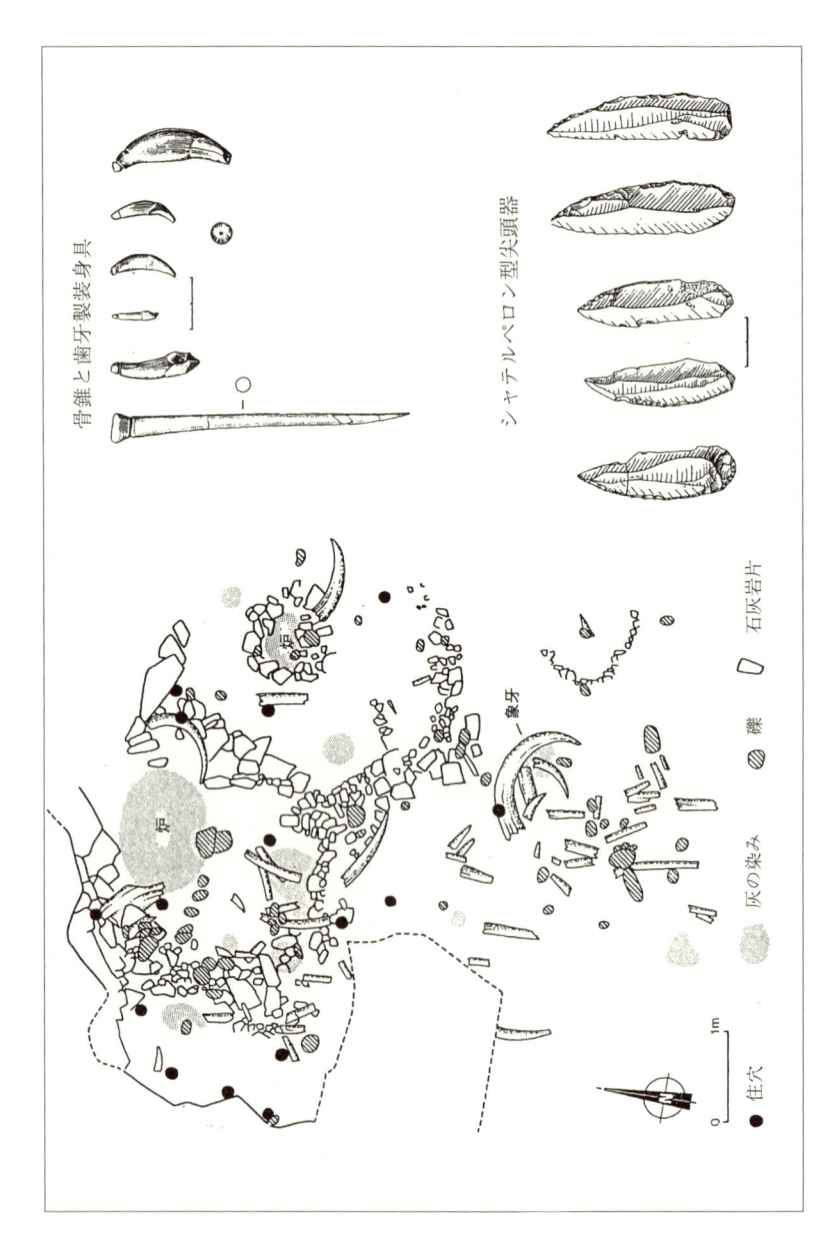

6　第1章　極寒期を現生人類はどう生き抜いたか

図4　アルシィ=シュル=キュール、レン洞窟の居住(小屋)跡 (Bosinski 1990)(シャテルペロン型尖頭器は他の遺跡出土)

刃石器群に伴って、ネアンデルタール人の化石骨が発見された。この「シャテルペロン文化」と呼ばれる石器群には、アルシィ＝シュル＝キュールの遺跡では3万3000年前の層から動物の歯牙製ペンダントや象牙製リングなど、豊富な骨牙製品が伴って出た**（図4）**。出土した幼児骨はこれもネアンデルタール人だと言われている。

　ネアンデルタール人のムスティエ文化と現生人類クロマニヨン人のオーリニャック文化とは、ほとんどいたるところに存在するが、フランスのル・ピアジェ遺跡とロク・ド・コンブ遺跡、スペインのエル・ペンド遺跡の3遺跡では両者が互層となって見つかっている。またムスティエ文化の年代についても、ソワイヨンで約3万1000年前、サン＝マルセル・ダルデーシュで約2万7000年前、ジニーでもほぼ同じ年代が得られている。したがって、現生人類が1万年以上前からカンタブリア地方に定着していた時期に、ネアンデルタール人もローヌ川の左岸とジュラ山脈で依然として生活していたのである。そうしてみると、ヨーロッパでは3万5000～3万年前ころに、ネアンデルタール人と現生人類が共存して、いくつもの地域的な石器群を創り出していたということになる。かつて上部旧石器時代最古といわれたシャテルペロン文化も、おおよそ北スペインから中央フランスのきわめて限定された範囲に見られる移行期の地域文化なのである。

第2節　クロマニヨン人の文化

　最後の氷期は、6万5000年前頃をピークとする酸素同位体ステージ（MIS）4と、2万5000年前頃をピークとするステージ2の2つの寒冷期と、その間の比較的温暖なステージ3（ヨーロッパではムエルシュフト、ヘンゲロ、デネカンプと呼ばれる3つの亜間氷期からなる）に区分される**（図2参照）**。ヘンゲロ亜間氷期（3万8000～3万6000年前）の間に、ネアンデルタール人の時代が終わり、現生人類の時代が始まった。その後に続く1万年間ほどの寒い時期

にオーリニャック文化が、デネカンプ亜間氷期（3万〜2万5000年前）の開始から最寒冷期にいたるまでに西と東にグラヴェット文化とコステンキ文化が、そして最寒冷期には、ヨーロッパは人の住めない極寒の地を避けてソリュートレ文化が生じた。気候が回復に向かった1万6000年前以降、ヨーロッパは再びひとつにつながり、西にマドレーヌ文化、東にメジン文化と呼ばれる旧石器時代最後の文化が起こっている。それらの文化名は最初に認められた遺跡の名にちなんで命名されている。

1. オーリニャック文化

1868年に、南西フランスのドルドーニュ県にある小さな岩陰、クロマニヨンで工事中に5体分の人骨が見つかった。オーリニャック期のこの埋葬骨はクロマニヨン人と呼ばれ、長らくホモ・サピエンスの代名詞となっていた。現在、大陸全体を見渡せば、この文化は単純な組成の"草分け型"と、より複雑な組成をもつ"発展型"とが、分布しているように見える。クロマニヨン人に先立って、ヨーロッパの各地にネアンデルタール人が生存していた。1990年にクリミア半島でブラン＝カヤⅢ岩陰遺跡が発見され、94年と96年に発掘調査が行われた。オーリニャック文化層の下から、今までに知られていない石器群が出土した。小破片を除いて、約200点余の石器類の37％が、薄手で対称形の槍先形尖頭器を含む加工石器か、両面加工石器の粗形形態であるが、驚いたことに、石器の30％が二辺あるいは三辺を加工した台形の細石器である。使用痕から切削用の組合せ道具（木や骨の柄の先に細石器を装着したり、柄に溝を彫って細石器を埋め込んだりした道具）だと考えられる。およそ7cmに切りそろえた骨の管と、骨の柄も出ている。この種の石器は伝統的に時代が下る中石器時代と思われていた（南アフリカのブロンボス洞窟でも細石器が7万年前の層から出ている）。石刃が見られないが、報告者らはオーリニャック文化とは別種の、上部旧石器文化であると示唆している。東および東南ヨーロッパがオーリニャック文化の実質的な起源地だと見なす研究者は多いが、この文

化の起源地域を決めるにはまだ資料が足りない。

　ロシア平原では西方のドニエステル川流域のモロドヴァ遺跡群と、東方のドン川中・下流域のコステンキ遺跡群がよく知られている。地域的伝統色の強い両面加工尖頭器を特徴とする石器群が広く分布している地域である。酸素同位体ステージ3の亜間氷期は、この地域ではさらに暖・寒・暖・寒・暖の5つ（Middle Valdai Megainterstadial:MVS1-5）の気候期に区分されている。ヘンゲロ温暖期に相当するMVS3（約3万9000〜3万5000年前）と、デネカンプ温暖期に相当するMVS5（約3万2000〜2万5000年前）が重要である。コステンキXVII遺跡で、およそ3万8000〜3万5000年前のイタリアの火山を給源とする降下火山灰層の下から、彫器を特徴とする石刃石器類に少数の骨器と穿孔装飾品（ペンダント）が伴う石器群が出ている。コステンキXII遺跡第2層の石器群もそれらしいが、今のところ他には出ていない。最古のオーリニャック文化に絡む石器群のひとつという見方もあるが、この文化の典型的な"示準石器"を欠いている。

　この文化が西ヨーロッパにどのようにして到達したか、その過程は十分に解明されてはいない。ニコラス・コナードとマイケル・ボウラスは、現生人類はダニューブ川流域をたどってヨーロッパ内陸部へ急速に展開したという「ダニューブ回廊モデル」、および、ダニューブ川上流のスワビアン・ジュラ地方に上部旧石器文化の十分な発達を示す考古資料がみられることから、革新的なオーリニャック文化とそれに続くグラヴェット文化はその地域で出現したという「文化膨張モデル」、この二つの仮説を提唱している。オーリニャック文化の加速器質量分析（AMS）法による放射性炭素年代測定の較正年代は、4万2000〜3万2000年前である。

　この文化に特徴的な道具は、竜骨状に整形した搔器、弓形に加工した彫器、周縁全体を加工した石刃（特に両側縁に抉りを入れた石器）、デュフール型小石刃がある（**図5**）。デュフール型小石刃は組み合わせ道具のさきがけで、木か骨に彫られた溝に埋め込む植刃と見られている。しかしこの時期を特徴づけ

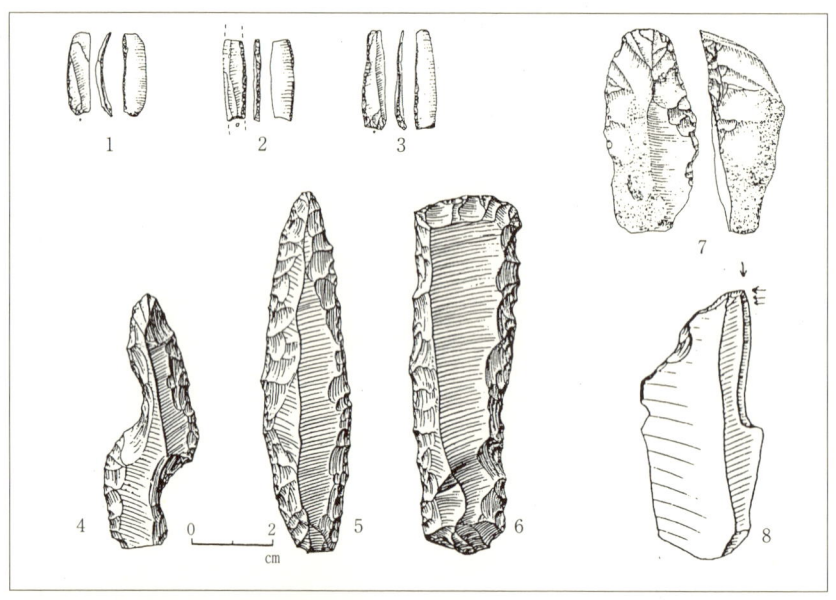

図5　オーリニャック文化を特徴づける"示準石器"

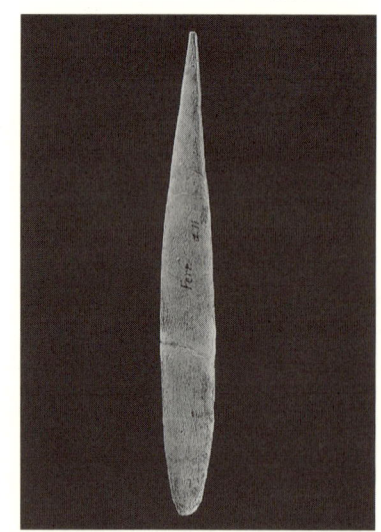

図6　フランス、ラ＝フェラシ岩陰遺跡出土の骨製尖頭器（Bosinski 1990）

るのは、基部に割れ目を入れた、断面が扁平あるいは楕円形の骨製の大型尖頭器である。さらに基部の丸い尖頭器が発達した（図6）。長さが30cmのものもあり、標高1700mの山地の洞窟でクマの骨とともに見つかることもある。クマ猟に使われたこの骨製の槍先をつけた槍は「オーリニャック人」が愛用した道具である。ウマ、トナカイ、バイソン、多毛サイ、そしてマンモスの猟でも威力を発揮していたようである（図7）。

ドイツのガイセンクロスターレ遺跡のオーリニャック文化層から、典型的な石

器類に加えて、キツネの穿孔犬歯、象牙製垂れ飾りと飾り玉、象牙製彫像、角製垂れ飾り、骨製縦笛、刻みの付けられた骨、基部に切り込みのある角製尖頭器と骨製尖頭器、象牙製穿孔バトン、象牙製尖頭器（？）などの骨角牙製の遺物が出土している。骨製縦笛（パイプまたはフルート）は最古の楽器の例である。フランスのイストゥリッツ洞窟の同時期の層およびグラヴェット文化層からも類品が出ている。3万5000〜3万年前には複雑な音によるコミュニケーションが行われていた証拠である。最近も、ドイツ南西部ウルム近郊のホーレ＝フェルス洞窟など2つの洞窟で、ハゲワシの骨でできたほぼ完全なフルートや、マンモスの牙でできたフルートの破片が発見されている。

　ドイツのホーレ＝フェルス洞窟から約4万年前の象牙製の女性像が2008年に見つかった。6.1cmの小型品で頭部がないが、大きな乳房と膨らんだ腹と性的三角形の表現が顕著である。最古の「ヴィーナス像」になる。オーリニャッ

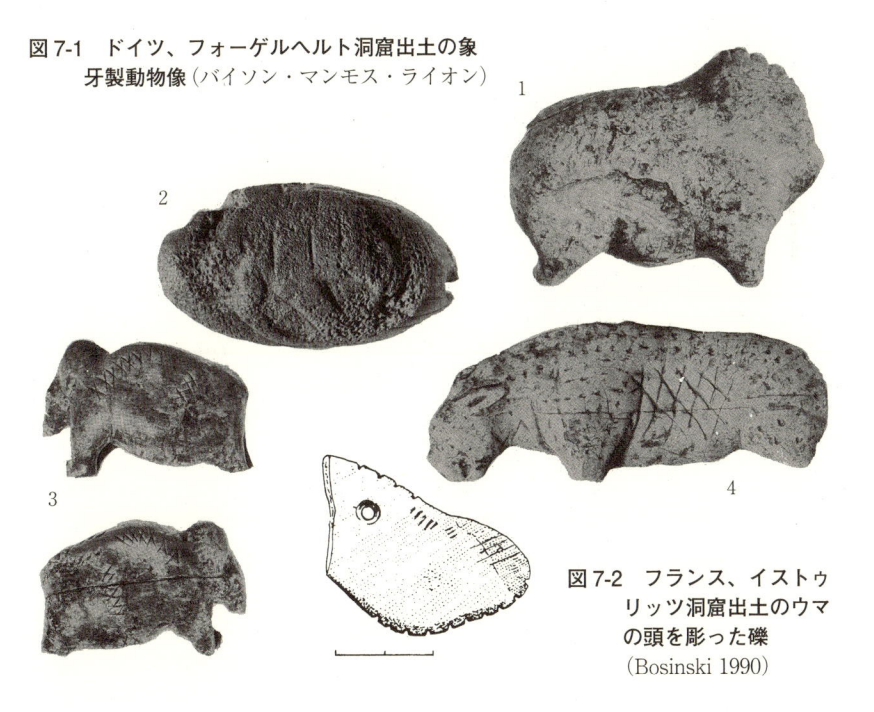

図7-1　ドイツ、フォーゲルヘルト洞窟出土の象牙製動物像（バイソン・マンモス・ライオン）

図7-2　フランス、イストゥリッツ洞窟出土のウマの頭を彫った礫
（Bosinski 1990）

ク期には女性像の出土例が少ないが、フランスのブラッサンプイ例のように頭部、乳房、腰部を比較的写実的に造形したものがある（**図 12 参照**）。

　南西フランスのペリゴール地方、レゼジー・ヴェゼール川流域の諸洞窟遺跡からも、マンモスの牙製、蛇紋岩や滑石製、キツネ・シカ・ヤギュウ・ハイエナの歯牙製のペンダントが出ている。それらに混じって、穿孔貝が出ることは19世紀初めにはすでに知られていた。大部分はタマキビなど大西洋岸から100～300kmの距離を運ばれたものである。他の貝化石とツノガイも地中海産の貝である。遺跡間で平均的に分布するのでなく、貝の地理的分布に"センター"があったようで、ネットワークを通じた身体装飾に関する象徴的な社会活動が存在したようである。興味深いのは、大西洋産の貝と地中海産の貝との2つの流通経路があって、ピレネー山脈東部のトゥト・デ・カマロ（Tuto de Camalhot）遺跡が中継地と目されている。

　1990年代に上部旧石器時代の"芸術"に関する重要な3つの発見があった。ひとつは南東フランスのアビニヨン近くで、1994年に発見されたショーヴェ洞窟の壁画で、3万3000～3万年前の年代にもかかわらず、後のマドレーヌ文化期のラスコー洞窟壁画に対比されるような、洗練された豊富な画像が残されていた。仏政府によって一部研究者を除いて非公開の措置がとられた。『アギーレ神の怒り』や『フィッツカラルド』などの作品で知られる、ドイツ人映画監督ヴェルナー・ヘルツォークの3D映画『世界最古の洞窟壁画：忘れられた夢の記憶』で、詳細を見ることができる。2つ目も南東フランスで、海面下で見つかったコスケ洞窟の壁画である。最寒冷期に近い年代で、当時は海面が少なくとも80mは低かったためである。この種の遺跡が地中海沿いに残されていることを示唆している。3つ目はポルトガルのフォス・コア渓谷の，少なくとも16kmにわたる岩壁の線刻画である。洞窟以外の開地にも"芸術"が残されていた可能性を示唆している。ダム工事により水没の危機にあったが、地元の高校生らによる保存運動の結果、1998年に世界遺産に登録された。コスケ洞窟とショーヴェ洞窟の壁画に関する芸術論的な考察は、港千尋（多摩美

術大学）の『洞窟へ—心とイメージのアルケオロジー—』（せりか書房）に詳しい。

2. グラヴェット文化

　オーリニャック文化期の寒冷な気候が終わり、デネカンプと呼ばれる温暖な亜間氷期に入ると、大陸性気候の中央ヨーロッパと東ヨーロッパでも、レス（黄土）層の上に黒色土層が形成された。デネカンプ亜間氷期に始まる上部旧石器時代中期は、気候的に温暖期、寒冷期、最寒冷期の3期にまたがり、1万5000年間ほど続いた。

　温暖期の考古学的資料は土壌浸食のためにあまり知られていない。それに対し、次の寒冷期に形成された遺跡は厚く堆積したレス層で保存されていて、ラインランド、低地オーストリア、モラヴィア地方パヴロフ山麓、デスナ川中流域などヨーロッパの広い地域で、ステップ性の環境に適応した典型的な生業活動と居住形態についての情報を提供している。伝統的にフランスで「上部ペリゴロール文化」（ペリゴールⅣ～Ⅶ期）、中央ヨーロッパで「グラヴェット文化」、東ヨーロッパで「コステンキ・モロドヴァ文化」と呼ばれた層が対応する。

　3万3000～2万4000年前頃のグラヴェット文化期になって、"組み合わせ式"という道具の技術的革新が見られた。ロシアのウラル地方にあるタリキ遺跡から出土した角の両側に彫られた溝には、背部加工小石刃が埋め込まれていた。数多く見つかる背部加工小石刃とグラヴェット型尖頭器は、木の棒あるいは骨・角・牙などに溝を刻み、埋め込む"替え刃"であることがわかる。骨製尖頭器の製作技術が発達したのもこの時期である。彫器を使って角に2本の溝を彫り、湾曲した細い棒状の素材を作り出す。それを水に浸して柔らかくし、まっすぐにして乾かす（その際に使われたのが、当初「指揮棒」と呼ばれた穿孔骨器（整直器）で、モロドヴァⅤ遺跡第7層からは並んで6本見つかっている。その1本の柄の部分には人の形が彫られている）。その骨製尖頭器は長さが10～20cm、径が5～7mmで、槍先としても鏃としても中途半端な形

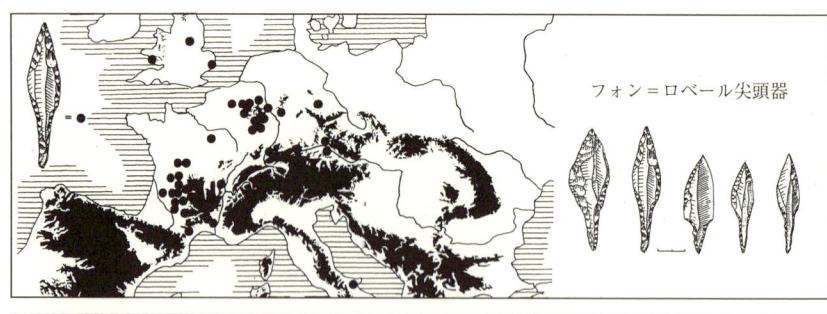

図8 特徴的な石器の分布圏（Bosinski 1990）（中央ヨーロッパおよび東ヨーロッパに分布しない）

態なので、投槍器（この時期の実物は見つかっていないが）を用いる"投げ矢"だと想定されている。西南ヨーロッパから中央ヨーロッパの西部にかけて分布するフォン＝ロベール型尖頭器（有茎の着柄槍）や、西南ヨーロッパに分布するノアーユ型彫器から、特定の社会集団の存在あるいは社会集団間の交流が推測できる（図8）。

　オーストリア、チェコ、ロシア間の1800kmにわたって、ヴィレンドルフ、パヴロフ、アヴデーヴォ、コステンキの諸遺跡に代表される上部旧石器時代文化が展開した。この「東方型グラヴェト文化」はコステンキⅠ遺跡の上層とアヴデーヴォ遺跡の共通性にかんがみ、「コステンキⅠ-1・アヴデーヴォ文化」とも呼ばれている。マンモスとつながりが深いこの文化を担った人々は、3万年前前後に中央ヨーロッパのモラヴィアを中核地帯として栄えた。だが、寒冷化にともなう集団移動で中心をさらに東方のロシア平原方面に移した、という

のがオルガ・ソファー（イリノイ大学）の考えである。コステンキ型有肩尖頭器、多数の埋葬人骨、石灰岩・泥灰土・象牙・焼成粘土で作られたいわゆる「ヴィーナス像」、土坑・竪穴住居、食糧・燃料・道具建築資材としてのマンモスなどの文化要素で特徴づけられる。

　ロシアの考古学者アレクサンドル・ロガチェフがコステンキⅣ遺跡で最初に明らかにしたロングハウスは、長さが35m、幅が17 mの楕円形家屋で、床面積は425 ㎡もあり、中央に一列に8箇所の炉が並んでいた**（図9）**。炉の付近に掘られた多数の土坑は調理用の装置と見られている。皮で覆って水をため、炉で熱した礫を投げ込んで沸騰させたのであろう。他の土坑には、北極ギツネの足、ウサギの体の部位、細身の投槍、骨製・牙製品などの奇妙な遺物が残っ

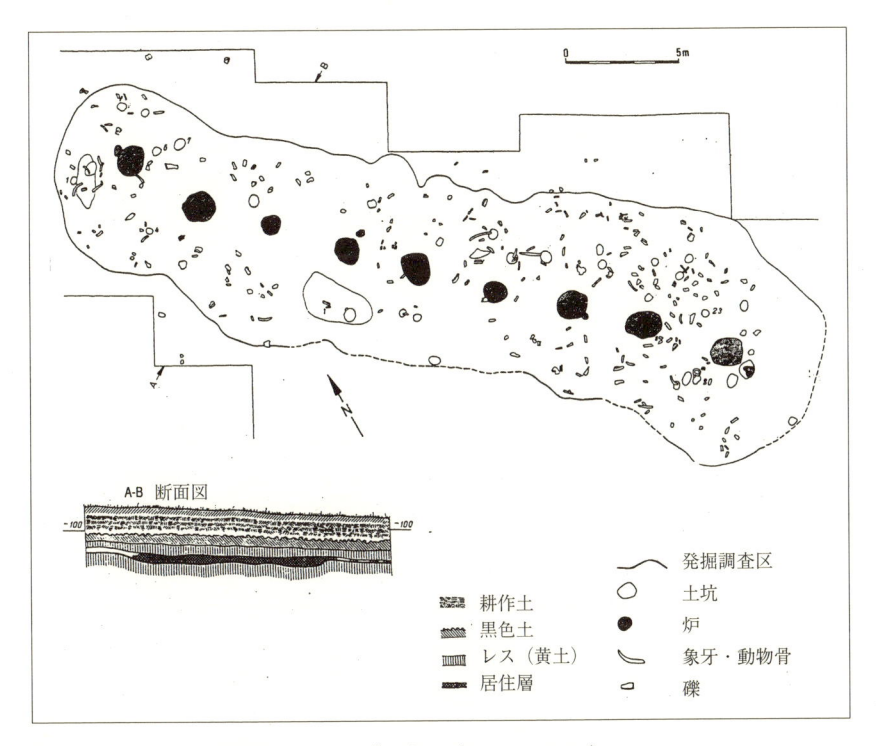

図9　コステンキⅣ遺跡出土のロングハウス（Bosinski 1990）

ていた。この時期の前後の時期には小型の円形住居が見られるが、それらと比べて驚くほど大きな住居は社会構造（家族・世帯構成）の違いを示唆している。アヴデーヴォ出土のロングハウスも構造は同じで、長さ45m、幅21m、面積950㎡以上と見積もられている。

　ウクライナのデスナ川右岸にあるプシュカリⅠ遺跡で、ピョートル・ボリスコフスキーが発掘した住居は、12×4.5m、深さ20〜30cmで、長軸上に一列

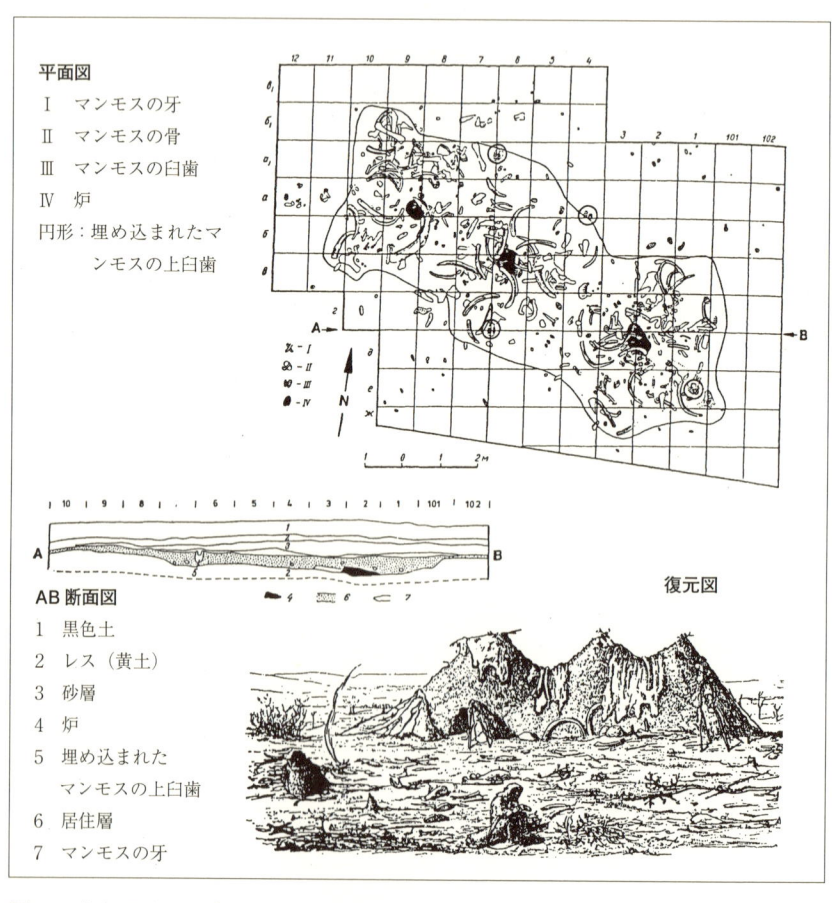

平面図
　Ⅰ　マンモスの牙
　Ⅱ　マンモスの骨
　Ⅲ　マンモスの臼歯
　Ⅳ　炉
　円形：埋め込まれたマンモスの上臼歯

AB断面図
　1　黒色土
　2　レス（黄土）
　3　砂層
　4　炉
　5　埋め込まれたマンモスの上臼歯
　6　居住層
　7　マンモスの牙

復元図

図10　ウクライナのプシュカリⅠ遺跡出土のロングハウス（Bosinski 1990）

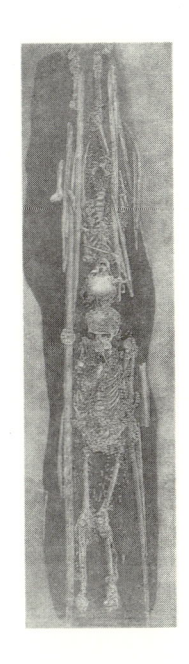

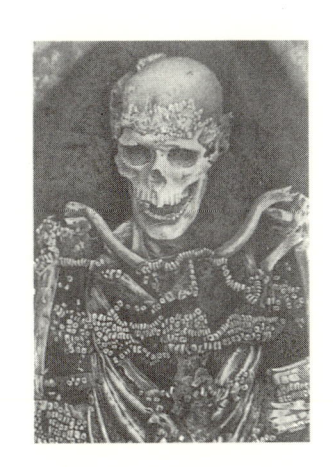

図11 ロシア、スンギール遺跡出土の
　　　埋葬人骨（Bosinski 1990）

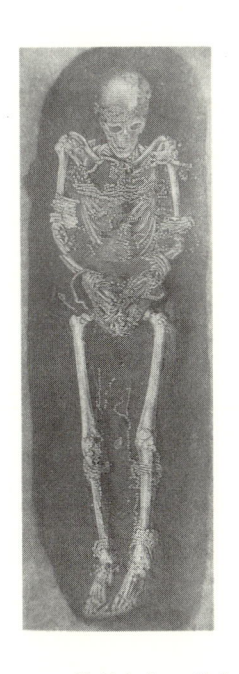

に並んで3箇所に炉がある（**図10**）。炉は径60〜80cmで、燃料として使われた動物骨が詰まっていた。床面には多数の石器と、ウマ、トナカイ、オオカミ、北極ギツネ、クマなどの骨片が散乱していた。住居の骨組みに利用されたマンモスの骨や牙は少なくとも60頭分を数え、牙は各炉の周辺に先端を内側にして分布していた。炉の真上の煙出し口を支えていたようである。側壁の4箇所に上顎骨が、他の大きな骨とともに上屋の支えとして配置されていた。入り口は西側の遺物のない（つまり、道具の製作場でない）狭い場所に想定された。季節性を示す遺物がないので、この住居の利用時期などは残念ながらわかっていない。

　このようなマンモスの骨を資材とした住居跡が、西はモラヴィアのドルニ＝ヴェストニッツェ遺跡から東はドン川流域のアノソフカⅡ遺跡に至る間に、16箇所見つかっている。そうした遺跡では12〜25㎡程度の円形か楕円形の小屋が通常2〜5軒見られる。ドルニ＝ヴェストニッツェ遺跡の場合は、遺跡付近

にある骨の堆積床から素材を持ち出していたが、メジン遺跡のように広い範囲を回って集めた骨を素材とした場合もある。それらは約3万年前から1万8000年前くらいの古さであるが、東ヨーロッパでマンモスの個体数が増加し、人とマンモスの関係が密接になるのは最寒冷期以降のことである。

グラヴェット文化期には、40以上の埋葬遺構が見つかっている。装身具や副葬品から見て、かなり複雑な社会であったと考えられる。一般に単葬であるが、ドルニ＝ヴェストニッツェの3体合葬のような例も知られている。ロシアのスンギール遺跡ではひとつの墓穴から2人の子供、別の墓穴からは男性の骨がおびただしい象牙のビーズといっしょに発見された（**図11**）。赤色オーカーを振りかけられた2人の子供はマンモスの骨牙製の副葬品を多数伴っていて、首長などの重要人物の子供であったと想定されている。

3. **女性像**（ヴィーナス像）

伝統社会の狩猟採集民にとって、人間が繁殖し、生殖力をもち、治癒能力をもつのは、人間世界にも動物世界にも棲んでいない存在、つまり精霊のためである。男性は居住地から出て動物界から必要なものを獲得するのである。だが、女性は狩人になることはなく、特異な能力をもつときにのみ、巫女となる。人間界と動物界との相互作用においては、女性の役割は受動的であるが、にもかかわらず、女性は特に精霊の助力を必要とする。不妊になることが多いし、妊娠しても流産することが多い。精霊はそれを治癒することができるからである。旧石器時代の女性像の解釈の根底にある、一つの見方である。

旧石器時代の女性像は19世紀の後半から注目されていたが、1908年に低地オーストリアのヴィレンドルフで発見されて以降、フランス、イタリア、ドイツ、オーストリア、チェコ、スロヴァキア、ロシアなどヨーロッパ各地で見つかった（**図12**）。豊満、あるいは過剰に太った女性裸像（部分的な衣装の表現もある）が間違って「ヴィーナス像」と呼ばれるようになり、「女性性」あるいは「母性」の概念が初めて偶像化されたものと見なされた。この種の女性像

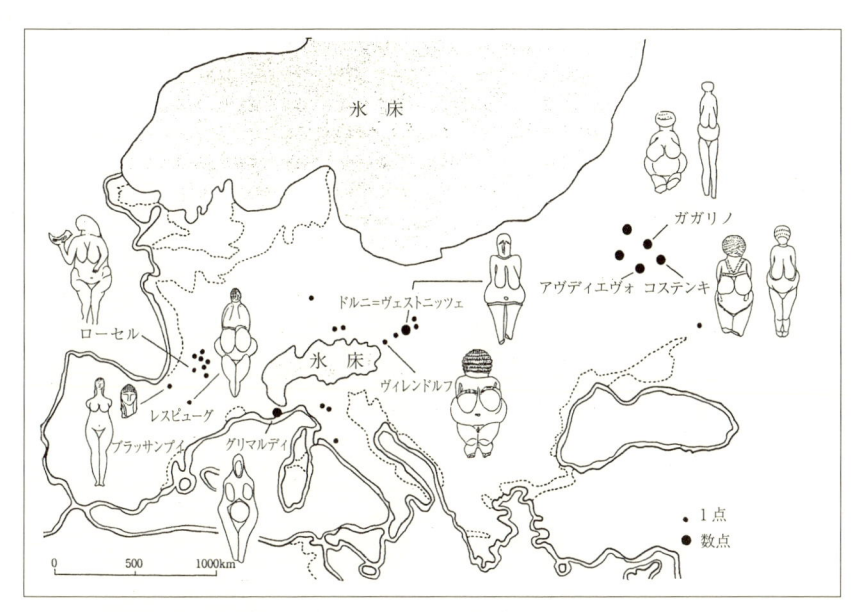

図12 旧石器時代の女性像（ヴィーナス像）**の分布**（春成 2012）

は亜間氷期（3万3000～2万4000年前ころ）のグラヴェット文化（東方のパヴロフ文化－コステンキ文化）に集中している。完形品か完形に近いものが40点ほど、破片がその2倍以上見つかっている。

　グラヴェット文化期の女性像（ヴィーナス像）はうつむいた頭部、か細い両腕を押し隠すほどに豊満な垂れた乳房、異常に細い上体と膨れ上がった腹、豊かに突き出た尻など、アンドレ・ルロワ＝グーランが「菱形構成」と呼ぶ形態が特徴とされてきた。腿がはっきり形作られていたとしても、脛は短く、しばしば足を欠いている。被り物あるいは髪形を表現したものは多い。顔の表現は普通見られないが、目と鼻がついた例がある。時に首飾りと腕飾り、それと乳房の上や胴回りに細紐を表現することもある（図13）。

　20世紀中葉になると、狩猟の成功や多産を祈る呪術というそれまで有力だった民族誌的解釈から、旧石器時代芸術における「コンテクスト」に関心が移った。ロシアでの精査では、住居の床面、貯蔵穴、隠匿所など家庭的なコンテク

ヴィレンドルフ（低地オーストリア） 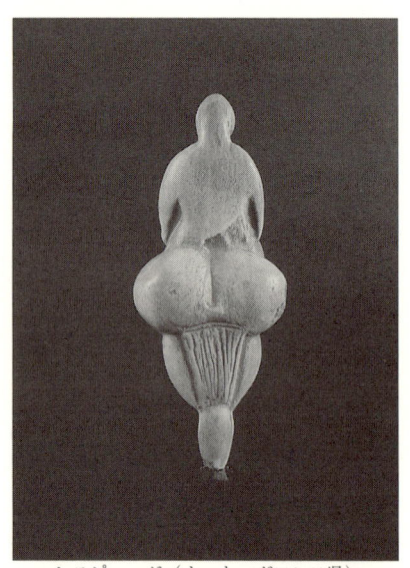　　レスピューグ（オート・ガロンヌ県）

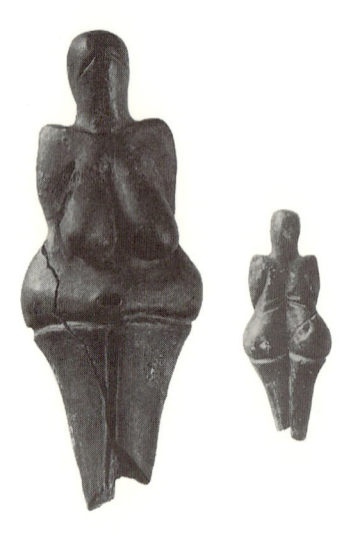

ドルニ＝ヴェストニッツェ（モラヴィア） 　　ローセル（ドルドーニュ県）

図13　ヨーロッパ旧石器時代の女性像（Bosinski 1990）

ストから見つかっており、ロシアの研究者は母系氏族を核とする女性祖先神をイメージした。その後に、認知考古学や情報交換モデルの影響が大きくなるにつれて、旧石器時代の月齢暦に言及するハーヴァード大学のアレクサンダー・マーシャックの主張に注目が集まった。世代間に語り継がれる象徴システムの一部として、旧石器時代芸術が季節やその他の環境的周期性を表しているという。旧石器時代の文化では、さまざまな主要プロセスが成熟・月経・性交・妊娠・出産・乳分泌などの女性機能と同一視して語られた、というのである。

　こうしたマーシャックの指摘に注目するジェンダー考古学者の中から、出産時の処置や新生児の育児での改善が女性像製作の動機づけだったかもしれない、あるいは女性像は女性の体の変化への関心を表しているかもしれない、といった新しい観点からの解釈も提示されていた。その極端な例は、中央ミズーリ州立大学の美術史家ルロイ・マッコイド説に見ることができる。マッコイドは像のイメージが男性によって見られる女性の性を強調した象徴的表現という見方を放棄する。これは一理あるが、彼はさらに、女性、特に妊婦自身の肖像だと主張する。立った妊婦が見下ろしたり、腋の下または肩越しに見たりする妊婦に特有の体と、女性像の特異な表現、すなわち顔のない頭部、体の前面・上体部が大きいこと、体の前面・下体部が小さいこと、体の側面・下部や体の背面の表現が劣っていること等を根拠にする。言うまでもなく、製作者が男から女に替わっただけだ、像の顔面・頭髪・性器などの多様な表現を無視している、自説に合わない女性像を取り上げていない、自己表現という西洋近代の概念を応用している、先行のオーリニャック文化期の人形に見られる祭祀的傾向を見落としている、等々、考古学者からの批判は多い。

　モラヴィア地方のドルニ＝ヴェストニッツェ遺跡やパヴロフⅠ遺跡で見つかった焼成粘土の塊に圧痕が残っていた。そこからイリノイ大学人類学教授のオルガ・ソファーらは、少なくともグラヴェット文化期までには、縄、編物・織物、籠、網などの植物性製品が作られていたことを明らかにした。そうした証拠を背景にして、女性像には少なくとも3種の衣装—いく種類かの被り物、

細いリボン類、ある種のスカート—が表現されていると主張し、さらに踏み込んだ解釈もしている。例えば、ヴィレンドルフの女性像には顔の表現がないのと対照的に、"編み上げ帽子"が細かく表現されている。この被り物に重要な意味があるのであり、被っている女性の社会的な位置を象徴しているというのである。ちなみに、春成秀爾（元国立歴史民俗博物館）は頭部の表現は毛髪、胴部の装飾は妊婦の腹帯と見ている。

　ヨーロッパの「女人彫塑像」に関しては、渡辺仁が比較的詳しく考察している（『縄文土偶と女神信仰』同成社、2001）が、最近、春成秀爾がいっそう体系的に「旧石器時代の女性像と線刻棒」の事例を収集し、型式・系統的な分類を試み、妊娠した女性の表現を抽出している（『国立歴史民俗博物館研究報告』第172集）。春成は、フランス・イタリア、オーストリア・チェコ、ロシア平原、シベリアの四つの地域に分けて、女性像の変遷と系統について考察している。ヨーロッパではグラヴェット文化期のドルニ＝ヴェストニッツェ、レスピューグ、ヴィレンドルフなどの女性像造形でピークを迎え、グラヴェット文化期中ごろ、2万8000年前頃にその幕を閉じている。ロシア平原でもコステンキ文化期にピークを迎えるが、その後は衰退し、ヨーロッパよりは少し送れてグラヴェット文化期末、2万3000年前頃に終焉を迎えている。最終氷期の寒冷気候が続く中で不妊の傾向が著しく現れたことに対する文化的な適応、つまり、安産を祈願する護符として妊娠した女性像を造形し、そこに霊力を付与して願望を託した、というのである。

4．ソリュートレ文化

　上部旧石器時代中期の後半は、最寒冷期を挟んだ2万5000年前から1万6000年前である。この時期、スカンジナヴィアで3000mの厚さに達した氷床は、ドイツ北東部、ポーランド、ロシア南西部を覆った。アルプス山脈も氷河に覆われ、山々も標高900m以上は氷に覆われた（図14）。その結果、中央ヨーロッパの大部分が無人の地となり、その西と東の文化は別々に発展していった。

フランスとスペインでは、旧石器時代の他の時期に比べるもののない、高い技術で作られたソリュートレ型尖頭器を特徴とするソリュートレ文化（約2万5000～2万3000年前が現れた。ヴェゼール川流域の巨大な岩陰遺跡であるロジェリ＝オートでは、上部旧石器時代中期前葉（ペリゴールドⅥ－Ⅶ期）から後期初頭（マドレーヌⅠ－Ⅲ期）までの厚い堆積層が見られる。第2次世界大戦前、ここを発掘したデニスとエリーのペイロニ夫妻は、「原ソリュートレ」、側縁調整尖頭器の「前期ソリュートレ」、月桂樹葉形尖頭器の「中期ソリュートレ」、有肩および柳葉形尖頭器の「後期ソリュートレ」にこの文化を区分した。

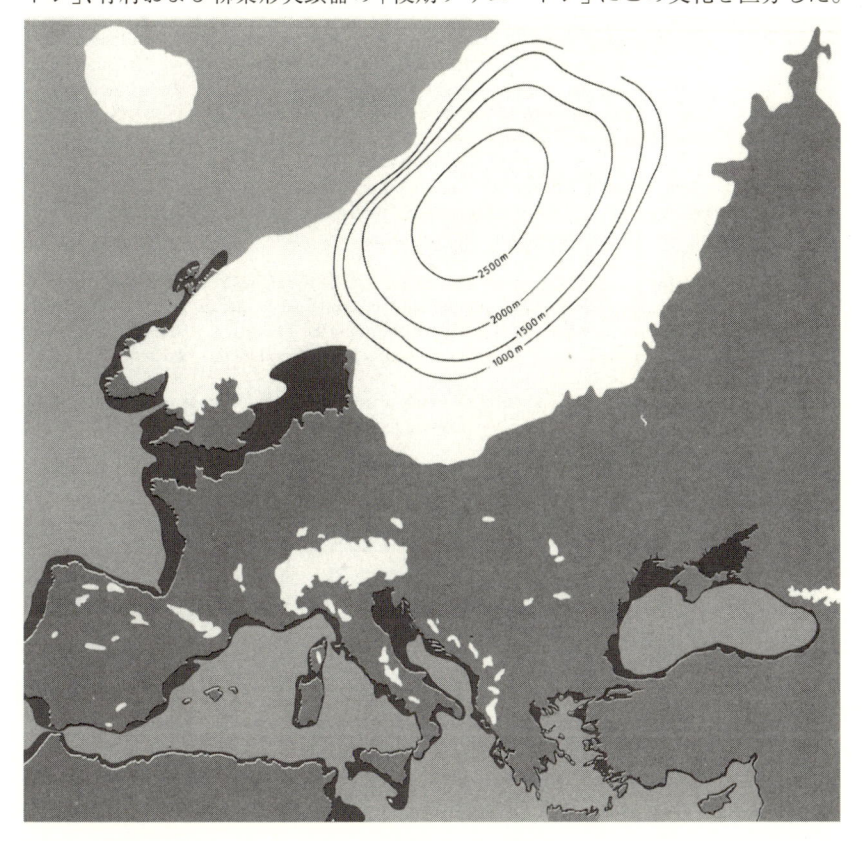

図14　最寒冷期のヨーロッパにおける氷床の拡大と海退（Bosinski 1990）

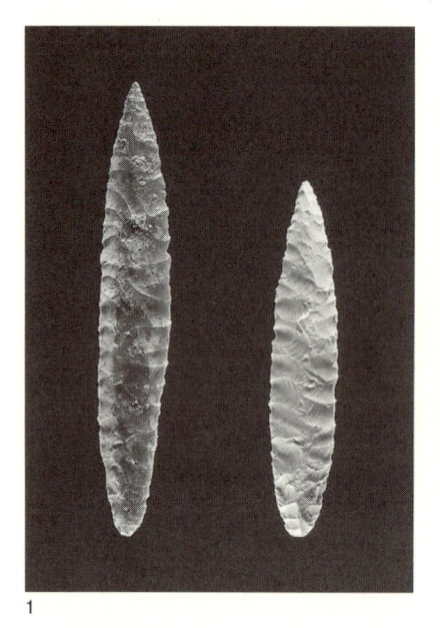

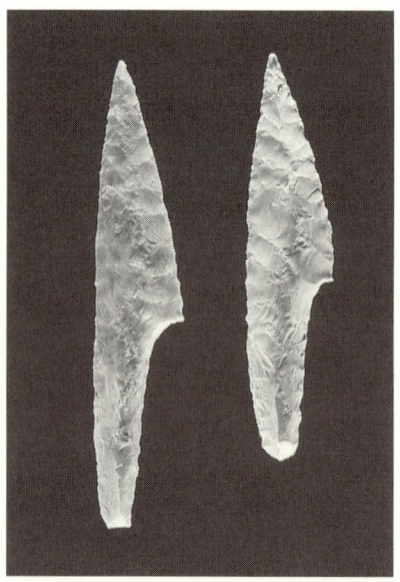

図15　ソリュートレ文化期の尖頭器
　　1　柳葉形尖頭器
　　2　有肩尖頭器
　　3　月桂樹葉形尖頭器

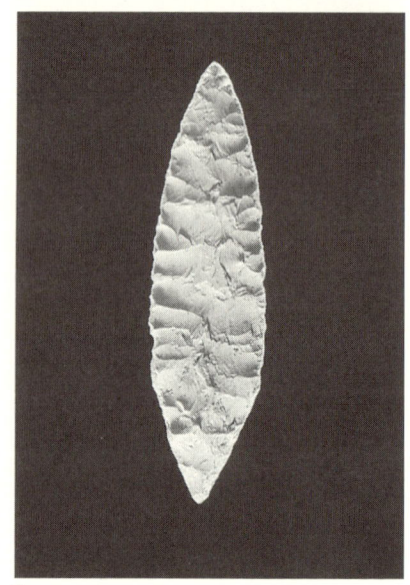

現在では、フィリップ・スミスの3段階区分が使われている。だが、月桂樹葉形尖頭器を特長とする第2期にも、柳葉形尖頭器、有肩尖頭器、背部加工少石刃が多数出ている（**図15**）。この文化に関する知見は戦前の洞窟・岩陰遺跡の調査に基づいているものが多く、居住地や構築物の情報に関しては限られている。

東ヨーロッパではこの時期まったく異なった様相であった。詳しくはよくわかっていないが、最寒冷期には南部を除いて人はほとんど住んでいなかったようである。モロドヴァV遺跡の第7層は細石器の出る上部旧石器時代中期終末の層であり、その上の第6層は後期の遺物を出す層であるが、放射性炭素年代測定によれば、その間に6900年の経過があった。この間の寒冷な時期には人の痕跡を欠いている。経済的な視点からは、マンモスの利用が特殊化した時期といえる。食料としての肉の利用だけでなく、その骨と牙が建築資材として、また芸術品や道具の素材として使われた。埋葬人骨を覆った肩甲骨と腰骨が見つかっている。毛皮は住居の覆いとして使われたことは確かである。マンモスが徹底して利用されていたことは、その骨と牙が大量に出土することからも明らかである。ブルヤンスク地方、デスナ川右岸に合流するスドスタ川に臨むエリセエヴィッチ遺跡では、列状に4軒の竪穴住居が出ている。4号住居はおよそ径2.7m、深さ50～60cmで、土台となった7個の頭骨など多くの骨と牙が残っていた。

5. メジン・メジリチ文化

東ヨーロッパの中央ロシア平原では、最寒冷期中の2000年間ほど、周氷河景観の無人地帯となったようである。最寒冷期が過ぎて気候が温暖になってきた更新世終末に、東ヨーロッパにおいては、上部旧石器時代中葉に出現した「マンモス狩猟民」の先行文化を受け継いだ文化が発展した。代表的な遺跡の名前を取って、メジン・メジリチ文化（約1万8000～1万6000年前）と呼ばれている。

河川流域沿いに季節的な南北移動を繰り返していたこの地域の狩猟民の特徴

は、ドネプル川中流のメジリチ遺跡や、その支流デスナ川流域のメジン遺跡で明らかにされた。マンモスの骨や牙を骨組みにして、内径で3.5～7m、外径で6～9m、居住空間が16～35㎡の小屋を建て、冬季の拠点集落としていた。関連する諸遺跡から1000頭近いマンモスの骨が出ている。その多くは食料として狩られたというより、建築資材などとして遺体から集められた、というのが近年有力な説である。それにしても、2本の牙つきの頭骨は300kgの重さであるから、遠距離からの運搬は困難であったろう。

　11遺跡で40軒前後の住居跡が確認されている。メジリチ遺跡では4軒検出されていて、149頭分のマンモス骨が出ている。第1号住居では25個の頭骨が使われていた。炉跡は小屋の内外から見つかっている。また小屋の外に大きな貯蔵穴や石器・骨器の製作場がある。マンモスの牙で作った人形、赤色オーカーで図形を描いたマンモスの頭骨、線刻画が施された牙製プレートなどの工

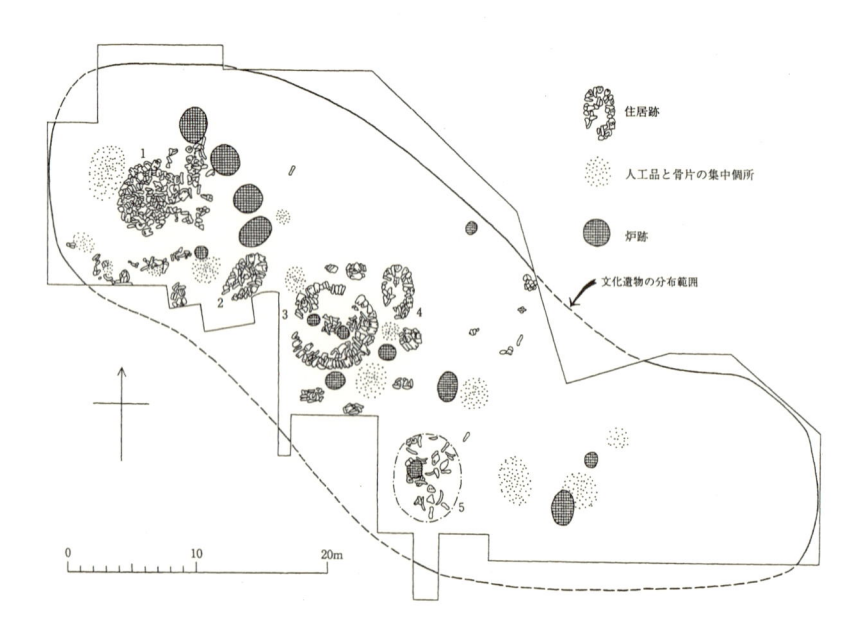

図16　メジン遺跡の遺構配置（春成2012）

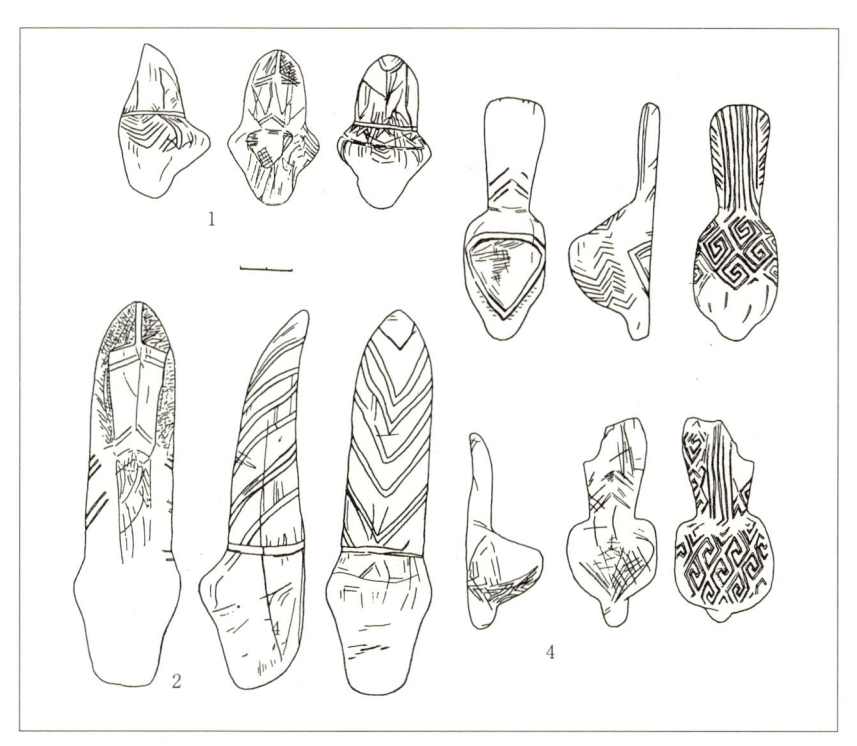

図 17　メジン遺跡出土の女性像（Bosinski 1990）
　　　1, 2：2 号住居跡　　3, 4：3 号住居跡

芸品が出ている。一方、調査された時期が古いメジン遺跡のほうは全体像がはっきりしない。小屋跡は 2～5 軒と推測されている（116 頭分のマンモスの骨が出ている）**（図 16）**。ペンダント、象牙製腕輪、海生貝化石のビーズ（600 個以上）などの個人の装身具と、メジリチと同様の赤色オーカーで図形を描いたマンモスの骨が出ている。

　1908 年に発掘されたメジン遺跡の第 2 号住居から 6 点、第 3 号住居とその周辺から 6 点、および 1954～56 年に発掘された第 1 号住居のものを含めて計 17 点の女性像が出土している**（図 17）**。マリア・ギンブタスは「鳥と合成した女性像」と見なし、おびただしく施された鋸歯紋と雷紋（メアンダー）につ

いて、鋸歯紋は鳥の飛翔性を誇張し、雷紋は神話的な水や水の力、および水の女王たる蛇を強調していると解釈し、後の「古ヨーロッパ文化」期の「鳥の女神」、「蛇の女神」の先駆けだとしている（122頁参照）が、性的三角形をもつ簡略化された女性像である。次章で言及するドイツのゲナスドルフ遺跡の女性像に類似する。春成秀爾は先に引用した論考で、マドレーヌ文化の時期の様式化・象徴化した造形の女性像も、岩壁・石版・骨板の線描女性像も妊婦を表現していると見ている。そしてさらに踏み込んで、メジリチとメジンから出ている連続羽状紋や三角形が赤彩・線刻されたマンモス骨は打楽器で、出産の際に祈りを込めて打ち鳴らされたと解釈している。

6. 上部旧石器時代ヨーロッパの人口推移

『ジャーナル・オブ・アーケオロジカル・サイエンス』（第32巻第11号）に掲載された、J・P・ボケット＝アペルらによる旧石器時代ヨーロッパの推定人口の推移に関する研究が興味深い。対象地域は南西フランス（1）、ベルギー（2）、東欧のモラヴィア：カルパチア山地北側（3）、ロシア平原ドン川流域（4）の4地域である。対象時期はオーリニャック文化期（A）、グラヴェット文化

表1　上部旧石器時代ヨーロッパの人口推移

時期＼地域	(1)南西フランス	(2)ベルギー	(3)モラヴィア	(4)ドン川流域
(A)オーリニャック文化期	795(人)〜1万2980	109(人)〜1772	388〜6388	—
(B)グラヴェット文化期	877(人)〜1万4271	177〜2877	451〜7336	81〜1326
(C)最寒冷期	1477(人)〜2万4063	—	277(人)〜4511	—
(D)晩氷期	1万0788(人)〜6万9021	—	—	—

期 (B)、最寒冷期 (C)、晩氷期 (D) の4期である。南西フランスは各期にわたって人口が多く、特に寒冷期には避寒地として人口が集中した土地である (**表1**)。最寒冷期に極寒を避けてフランス南西部やスペインに避寒していた狩猟民は、独特の地域文化であるソリュートレ文化を生み出し、月桂樹葉形尖頭器に見るような高度な石器技術を発達させた。その後の晩氷期の気候温暖化に伴って人口が爆発的に増加して、北方および北東方向へ拡散していった軌跡が描かれている。

　このような人口推移から読み取れる社会生態的な条件、例えば、南西フランス地域への集住と集団間の情報の伝達・蓄積といったことこそが、南西フランスに"原始芸術"を開花させた要因であったと思われる。洞窟壁画の90％は、次章で扱うマドレーヌ文化の中期・後期に集中している。人口集中による経済的危機を克服するためにサケ資源の開発が行われ、食料資源の安定化に伴って集団の定住性が高まる。その結果、集団間に漁権を保証する縄張りをめぐって緊張が生じる。そのため社会的統合を促す祭祀・儀礼が必要になる。このようなシナリオが描かれている。遺跡出土の動物骨や洞窟の壁に描かれた動物を考慮して、サケ以外の動物、例えばトナカイが想定されることもある。

第2章　更新世／完新世移行期の急激な気候変動に人類はどう対応したか

　地質年代での更新世から完新世への移行期に、世界の各地で人類史上の大変化が起きた。だが、その人類史的意味は定住農耕村落が最初に現れた「新石器革命」として、またそれを基盤とした「都市革命」として、西アジア（中近東）に焦点が当てられて説明されてきた。しかしながら、世界の各地で、狩猟採集民社会が複雑化するその構造的な変化の過程が研究されてくると、それぞれの地域的変化の解明こそが人間の多様性の理解にとって重要である、との認識が深まった。こうした認識が現代の地球温暖化問題への人類の対応の鍵となるからである。

　最近の考古学とその隣接科学における研究の進展を受けて、例えば、①地球規模での古気候変化に関する高解像度のデータが揃ってきたこと、②加速器質量分析（ANS）法による^{14}C年代測定値の較正年代を使って、各地の考古学的事象を正確に対比できるようになったこと、③植物栽培に関する古植物学的データが揃ってきたこと、④狩猟採集民の社会構造、シンボリズム、祭祀・儀礼活動への洞察が深まってきたことなどで、西ヨーロッパの「マドレーヌ文化」、西アジア・レバント地方の「ナトゥーフ文化」、日本列島の「縄紋文化」、それぞれの気候変動への対応方とその人類史的意味の比較考察が可能となったのである。

　最終氷期の極寒期は1万6600年前をピークとするハインリッヒ1・イベントをもって終わりを告げた。1万4600年前ころに地球上の気温が4～5℃ほど急激に上昇し、500年間で20mほどの海面の上昇があった。この「ベーリング期」と呼ばれる温暖な時期は長続きせず、800年間ほど中断（「古ドリアス期」）

32　第2章　更新世／完新世移行期の急激な気候変動に人類はどう対応したか

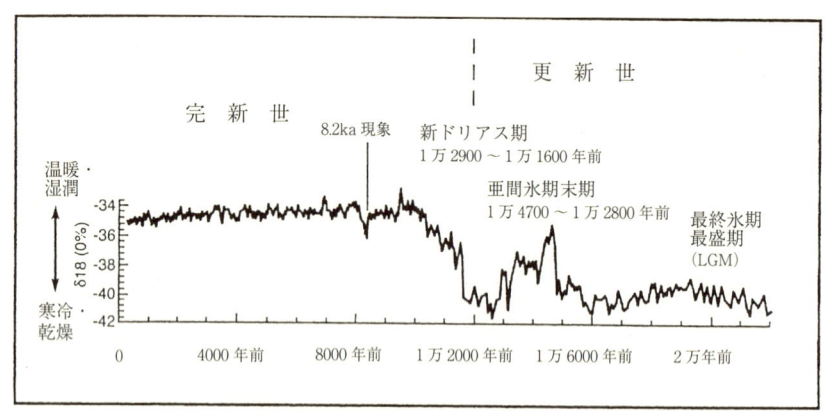

図18　グリーンランドの氷床コアから得られた気候記録（フェイガン 2008）

した後に、再び若干暖かくなった（「アレレード期」）。だが、そのまま気温の上昇が続くことなく再び1万2900年前ころに、気温が6℃ほど低下し、ほとんど氷期の状況に戻ってしまった。「新ドリアス期」と呼ばれるこの寒冷気候の揺り戻しは、1300年ほど続いた**（図18）**。

約1万1600年前に、突然に気温が7℃ほど上昇して（「プレボレアル期」）、地質年代の完新世に入った。比較的安定した温暖な気候（「ボレアル期」）に続いて、8600年前頃に現在より2～3℃気温の高い気候最適期（アトランティック期）が訪れた。現在は気候の温暖な間氷期とも考えられるが、完新世に入っても「ボンド・イベント」と呼ばれる限定的だが急激な気候の寒冷化が8回（1万1100年前、1万300年前、9400年前、8200年前、5800年前、4300年前、2800年前、1400年前）起こったと言われている。北大西洋地域の気候データに基づく気候サイクルであるが、少なくともその一部は地球規模の影響があったことがわかっている。縄紋時代の文化変化との関連が推測される。

第1節　マドレーヌ文化

1．マグダレニアン人の文化

およそ2万1000～1万4000年前の更新世の最終末、つまり氷期の最終末か

ら寒い最古ドリアス期、涼しく温和なベーリング期、比較的寒い古ドリアス期を経て、温和なアレレード期の始まりまで、ソリュートレ文化に替わってスペイ北西部からオランダまでと、ドイツの南部と中央部、スイス西部に展開した文化は、マドレーヌ文化と呼ばれている。彼らの主たる狩猟対象はウマで、所によってトナカイと野生ヤギだった。マンモスの重要性は低かった。当初、フランスの南部とスペインの北部に住んだマグダレニアン人は、ラスコーやアルタミラの壁画に見られるように、非常に洗練された文化を発達させた。この地域の高度の人口密度がもたらしたと考えられる（**表1参照**）。優れた工作人で、骨牙を素材とした見事な逆刺付き槍先や銛頭を作った。投槍器（アトラトル）を発達させたのも彼らであった。ツンドラ景観であったフランスでは、晩氷期の代表的動物であるトナカイが季節的移動を繰り返していた。マグダレニアン人はこの景観にたいへん適応し、今日の極北に居住するイヌイットの文化にきわめて似た文化をもっていた。トナカイへの依存は絶対的であったので、気候が温暖化してツンドラに替わってヤナギやカバが群生し、トナカイ・バイソン・ウマ・マンモスが北方に移動したベーリング期になると、マグダレニアン人は故地に留まることなく、トナカイについて行くことを選択し、スイス・ドイツ南部・ベルギー、さらにブリテン諸島にも拡散した。

気候の温暖になったヨーロッパは、森林に覆われて湖沼で寸断された。そこにはマグダレニアン人の移住によって縮小した共同体、小さな孤立した文化集団の「中石器的生活」が見られた。

2. マドレーヌ文化 I 期・II 期

最終氷期の最寒冷期が終り、気候が温暖化した時期のフランスにこの文化は始まった。I 期では、石器は必ずしも石刃素材ではなく、しばしば剥片製で、先のソリュートレ文化に比べ、注意を引くような石器はない。骨製品や装飾品類も上部旧石器時代に一般的なものである。トナカイの角で作られた、長さ10〜15cmで基部に切込みを入れた細身の投槍を特徴とする。

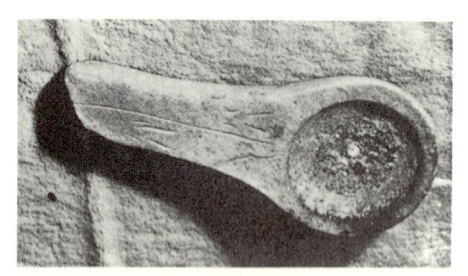

34　第2章　更新世／完新世移行期の急激な気候変動に人類はどう対応したか

図19　ラスコー洞窟発見のランプ
（Bosinski 1990）

図20　ラスコー洞窟に描かれた神話的シーン
（Bosinski 1990）

Ⅱ期で知られる遺跡はロジェリ＝オート、ラスコーなどわずかである。石器は石刃素材になり、背部に加工を施した小石刃を軸の溝に樹脂で接着した槍先がある。1940年に発見され、アンドレ・ルロワ＝グーランの構造主義的な分析で有名なラスコー洞窟の彩色壁画はこの時期に属する。真っ暗な洞内の各所から、西洋ネズの芯に獣脂を浸みこませた石灰岩製のランプが見つかっている（図19）。ウマ・シカ・ウシ・ヤギなどが描かれているが、温暖な気候を反映してか、マンモスは見られない。動物表現はソリュートレ文化期の、例えばロク＝ド＝セール洞窟の伝統を受け継いでいる。大小2人の「魔術師」が描かれている。小さいほうは爪の生えたような脚を持ち、線描の短い"マント"を羽織っている。いろいろなイメージを喚起させる神話的な場面はよく知られている。代表的なものに、傷つき腸が飛び出したバイソンが角突き出した前面に、鳥頭の人物がペニスを勃起させて倒れつつあるシーンがある。傍らに、鳥の止まった（あるいは鳥形の柄の）棒と、逆刺付き槍（？）が描かれている（図20）。

第1節　マドレーヌ文化　35

3. マドレーヌ文化Ⅲ期

　先の温暖期に続く長い寒冷気候期はいくつかの変化に区分されているが、その間のⅢ期の考古学的区分は気候変化に対応させられるほど充実していない。洞窟と岩陰遺跡だけで、開地の居住跡の調査がないので、動物の牙や貝製の装身具を副葬した埋葬人骨は見つかっているが、彼らの生活ぶりはよくわかっていない。

　片側か両側に溝を刻んだトナカイの骨角製槍先（銛）は、長さが短くて基部を斜めに切り落としているのが特徴で、その溝に埋め込む幾何学形細石刃・小石刃・小剥片が一般化する。いっそう特徴的な道具は、トナカイの角の断面を半円形にして、2本の平坦面を合わせて太くした槍先である。なぜそのような手間をかけているのか、納得のいく説明がつかない。数10cmの柄の基部に鉤状の突起をつけ、その鉤に槍の柄を引っかけて遠くに投げ飛ばす投槍器も一般化した。

　芸術表現が豊かになっている。ガビユ洞窟の例で見ると、洞内の地形を考慮した絵画配置で、ラスコーとは違った物語を展開している。入り口に番人のようにネコ科の動物、次に動物群に混じってウシ／男性の場面が特権的位置を占めている。その奥の天井にウマが描かれた部屋、架空の動物群（ネコ顔の"小悪魔"・ウシの角の生えたキツネ顔の動物・ウサギの頭に鳥の胴体の動物など）の部屋、トナカイ（ラスコーのシカに対置される）の部屋と続き、最奥にウシの頭の付いた毛皮を着た人物と矩形の記号、そしてその反対側に女性が描かれている。ガビユに見られるテーマは次の時期に継承されていく。

　さらに興味深いのが洞窟内の岩壁に彫られた像である。アングル＝シュル＝ラングランでは性器を目立たせた3人の女性裸像の胴体部分と1頭のバイソン、ラ＝マドレーン＝デ＝アルビスではそれぞれ左手と右手を頭に当てた2人の女性裸像とバイソンとウマがセットで、またラ＝マルシュでは肥満した女性裸像と男性裸像群が見られる。男女とも頭部と表情が表現されている。ペニスを立てて踊っているかのように両手を上げた男性も見られる **（図21）**。

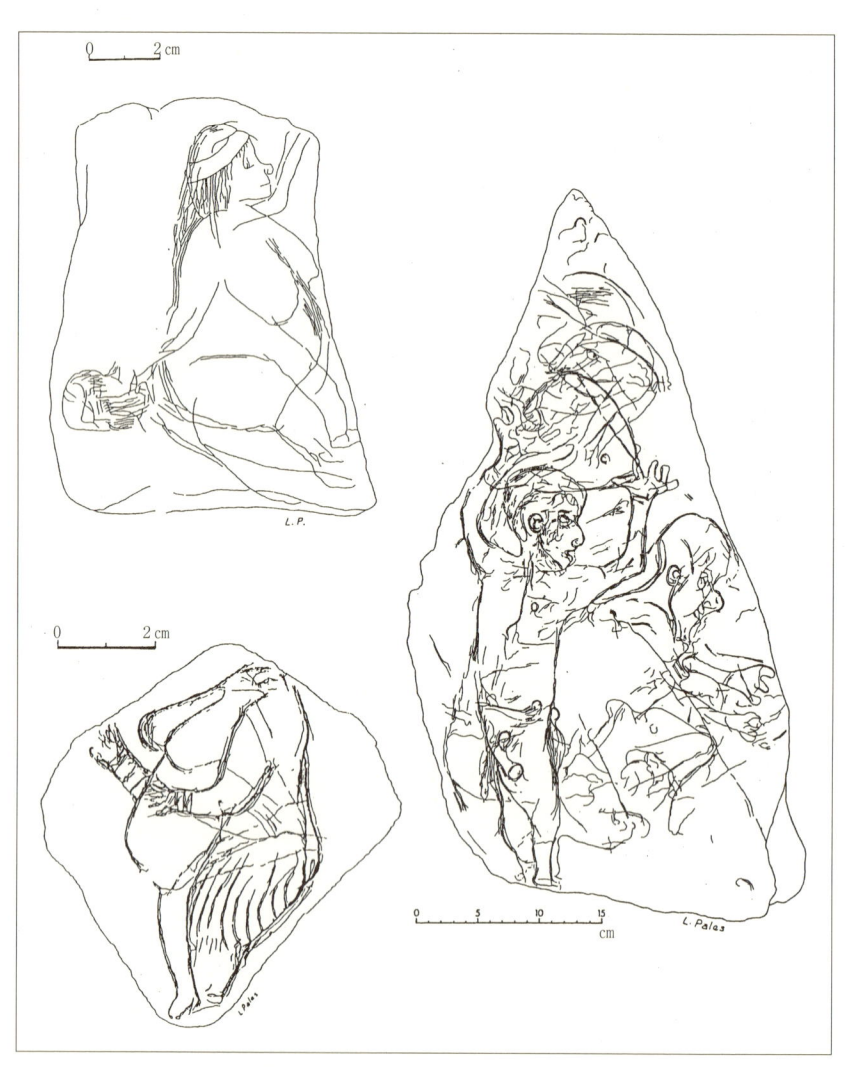

36　第2章　更新世／完新世移行期の急激な気候変動に人類はどう対応したか

図21　ラ＝マルシュ洞窟の線刻画（女性と男性）（Bosinski 1990）

4. マドレーヌ文化Ⅳ期

　寒冷な最古ドリアス期から気候が回復するベーリング期になっても、陸地の

第1節 マドレーヌ文化 37

気温上昇に比べ大西洋の海水温の上昇が遅れる（水蒸気量が少ない）ために、西ヨーロッパの陸地は乾燥化したまま森林植生でなく草原となった。そこで草食性動物の数が増え、そのためこのⅣ期に人口増加が見られた。遺跡と遺物の量が急増し、その分布もピレネー山麓を中心として拡張した。

Ⅲ期に一般的だった植刃槍が消える一方で、トナカイの角製の槍先には彫刻紋様が華やかに施されるようになった。この時期の重要な動物であるウマの彫像が投槍器の基部を飾っている。また写実的なウマの頭部の彫り物も見られる

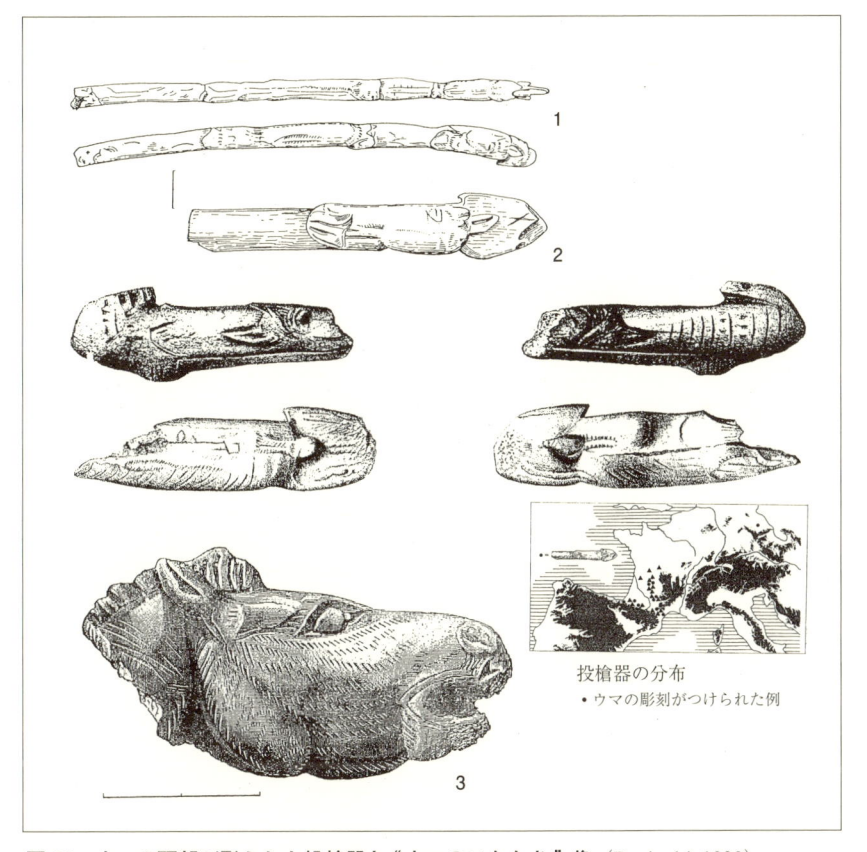

図22　ウマの頭部が彫られた投槍器と"ウマのいななき"像（Bosinski 1990）
　　　1：ブルニケル　2：イストゥリッツ　3：マス＝ダジル

(図22)。扁平で穴が開けられた彫り物は衣服に縫い付けられたのであろう。

　開地遺跡での計画的な発掘調査がないので、発見された遺物量は多いのだが、この時期の日常生活はよく分かっていない。ドゥルティ岩陰発見（1870）の成人の埋葬人骨の頭骨近くに、ライオンと洞クマの穿孔された歯牙が50点ほど、2つの山となって副葬されていた。頭骨を覆っていた石には、矢の形、幾何学形、魚類が線刻されていて、その中にアザラシも確認される。ロジェリ＝オート岩陰発見（1872）の若い埋葬人骨には、額と頭に2対、左右の手首に1対ずつ、左右の膝に2対ずつ、左右の踝に1対ずつの計20点の地中海産子安貝が伴って出た。距離的に近い大西洋産の貝が多いドルドーニュ地方にあっては珍しく、衣服を飾っていたと見られる。ラ・マドレーヌ岩陰発見（1926）の幼児骨は、土坑に仰臥伸展の形で埋葬され、赤色オーカーが振りかけられていた。頭と首、肘と手首、膝と踝の部分から400個ほどの小型の貝と、100個ほどの穿孔された歯牙が出ている。穿孔歯牙は首飾りだったと見られる。マス＝ダジルでは、若い女性の頭骨が岩棚に安置されて見つかった。下顎骨は失われていたが、上顎骨にはほとんどの歯が残っていた。左側の眼窩に骨の板が嵌められていた。右側の骨板は堆積層中から見つかった。信仰に関わる聖所であったのだろう。

　アリエージュ県サン＝ギロン近くのヴォルプ洞窟群は相互に連結した3つの洞窟（アンレーヌ、トロワ＝フレール、トゥク・ドドゥベール）からなる。入り口部にあるアンレーヌには石を敷き詰めた居住の跡があり、炉跡、石器、骨器、食物の残り滓、装飾品、彫刻品が出ている。200m奥に入った暗黒の聖域トロワ＝フレールに見られるバイソン（この時期の主題）、ウマ、野生ヤギ、トナカイ、クマ、架空の動物など無数の動物画は、アンリ・ブルイユの研究でよく知られている。ここにも人間の体にバイソンの頭をもつ像が所々に見られる。シカの角、猛禽類の目とくちばし、クマの爪、ウマの尻尾、人間の脚と足をもつ「有角神」は、化身したシャーマン像と解釈されている（図23）。ルルド遺跡出土の石版に描かれた髭の人物も角と尻尾を持つ。トロワ＝フレールをはじめとした洞穴に描かれたこの種の半獣半人像は決して多くはないが、「魔

術師」「呪術師」「シャーマン」などの名で呼ばれてきた。アフリカのカラハリに住むサン族のフォークロアを詳細に調べて、トランス状態に入ったシャーマンが動物そのものに変身した状態を描いたものと解釈した研究者もいる。

5. 洞窟壁画

　構造主義人類学者アンドレ＝ルロワ・グーラン（1911-1986）は、旧石器時代研究の権威者ブルイユ神父の狩猟呪術説を批判し、洞窟を一つのまとまりのある空間として構造的に捉え、描かれている動物や記号を性的なシンボルとみる性的二元論で解釈した。

図23　トロワ＝フレール洞窟の「有角神」
（Bosinski 1990）

　フランスのラスコー、ニオー、レ＝トロワ＝フレール、フォン＝ド・ゴーム、コンバレルやスペインのアルタミラなど、ヨーロッパ南西部に集中していて中央および東ヨーロッパに見当たらないのは、考古学上の大きな謎である。いずれにしても、マグダレニアン人はそうした"芸術"活動が行えるくらい余裕があったということだろう。描かれているのは、ルロワ＝グーランの研究ではウマが24％で圧倒的であり、これに記号とバイソンを加えると全体の半数以上になる。(参考までに言うと、オーリニャック文化期のショーヴェ洞穴では、サイ（22％）、ライオン（17％）、マンモス（16％）という順である）。他にトナカイ、オオツノジカ、オーロック（原始牛）、野生ヤギ、カモシカ、サイガなどの草食獣類、肉食獣類ではクマ、オオカミ、キツネ、シロテン、グズリ、アザラシなど海獣類、鳥類はツル、ガン・カモ、バン、シラサギ、ハクチョウ、

ヤマギシ、ライチョウ、フクロウ、ワシ、オオガラス、魚類がウナギ、サケ・マス、カマス、ヒラメ、カレイなどである。赤色（ベンガラ、オーカー、辰砂）、黄色（オーカー、石黄）、茶色（ロー・アンバー）、白色（鉛白）、黒色（木炭）の鉱物顔料を使って描かれている。不思議なことに、緑色（緑土）と青色（青石）はまだ使われていない。

　旧石器時代の狩猟民の生活世界において、技術、経済（生業）、社会、芸術といったシステムは個々別々に機能していたのではなくて、相互に複雑に絡み合って、日々の生活が営まれていた。そこで、フランコ・カンタブリア地方の洞窟画の解釈に当たっては、そのあたりを斟酌する必要がある。マイケル・ジョッチムが生態学的視点から解釈を試みている。2万5000年前に最寒冷期に向かう気候の悪化が始まったころ、ヨーロッパの北部地域では次第に環境が厳しくなり、人は南西方面に移動を始めた。南西部地域は北方では生存できない動植物や人の集団の避寒地となった。この地域には多種多様な資源、特に大型草食獣類と、産卵のため大西洋岸から遡ってくるサケが豊富であった。その結果、人口密度が高くなり、それにつれて人口と資源とのバランスが取れなくなっていった。大型獣、特にトナカイ猟を強化するか、生業基盤を多様化するか、サケ漁に依存するか、それらいずれかの選択に迫られたのであった。ジョッチムのシナリオでは、経済的圧迫→サケ漁の開発→定住化・領域化→社会的統合化のための祭祀・儀礼という流れになっている。

　認知考古学者スティーヴン・マイズンは、このジョッチムの解釈に対して、洞窟壁画の分布がヨーロッパ南西部に多い理由の説明ではあっても、描かれた動物についての解釈にはなっていないと批判した。さらに、サケ資源の開発が主題になっていて、「適応」の概念ですべてを統一できていないとも批判している。生態学的解釈のキーワードは適応である。適応とは一般に集団の維持と生存に必要な動植物資源の獲得とその加工処理に関連した、共同体の全体的な社会的反応を指している。ところで、生態学的適応よりも個人の主体的行動を重視するスティーヴン・マイズンは、生存と再生産の機会を増やす目的の達成

に向けたその時々の戦術の選択と、決断する意志が働いたとみなす。マイズンは、狩猟圧によるトナカイの減少と、それに続くこの突然で予期し得なかった狩猟戦術の転換（集団によるトナカイの大量捕獲から個々人によるウマやウシの追跡猟）に直面して、洞窟壁画が重要な機能を果たしたと見ている。壁画の生き生きとした動物像を見て、狩猟者は記憶の奥にしまい込んでおいた、あれこれの情報を呼び起こしたというのである。

6. トナカイ狩猟者の生活

　この時期の狩猟者の家庭生活は、フランスのパリ盆地で見つかったパンスヴァン遺跡（セーヌ川の渡渉が可能な地点に設けられたトナカイ猟のための狩猟キャンプ跡）の発掘調査で知られるようになった。他の遺跡を含め、短期間に形成された生活面が何枚も重なり、相互に交じり合うことなく良好に保存されていた。ゆっくりした増水による泥土が、炉や腰掛用の石塊、動物遺存体、生活空間の配置などを保護している。石器は風化を免れたので、使用痕分析で何を対象にどう使われたかが分かる。動物遺存体からは季節性や、動物の種類とその狩猟法に関する情報も得られる。広い範囲を発掘しているので、居住区の範囲が分かる。遺物を1点ずつ測量図に落として、生活空間や世帯ごとの活動空間を同定している。家庭は社会生活の基盤で、崩壊した環境に対する回復力の源になる。災害に直面して家庭が壊れると、生きていくためにその家族は形を変えて別な家族をつくっていく。家庭生活の分析がなければ、上部旧石器時代の社会組織を理解する研究はできない。ここではオアーズ川のヴェルベリ遺跡の例で見てみよう。

　ヴェルベリ遺跡はパリの北およそ60kmにある、トナカイ猟とその解体が行われたキャンプ跡である。最古ドリアス期の終末かベーリング期の開始ころの生活面（活動の跡）が8枚検出されている。動物の骨はもっぱらトナカイで、130頭分の1万6000余の破片が残っていた。トナカイは夏の餌場と冬の餌場の間を季節的に移動する。ここは秋の狩場で、解体した栄養価の高い部位が他

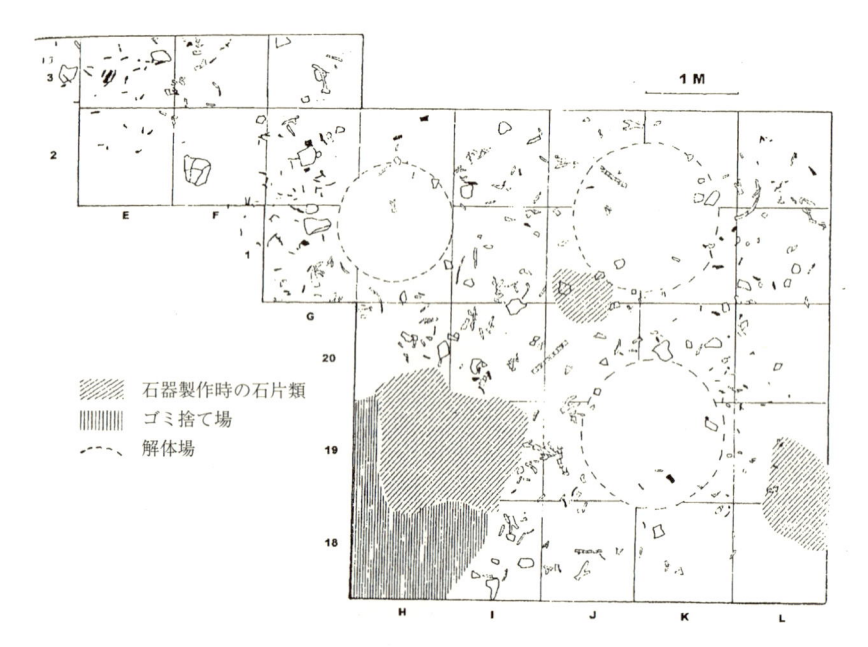

図24 ヴェルベリ遺跡の動物解体場(Zubrow et al. 2010)
ルイス・ビンフォードがヌナヴィクで観察したヌナミュートの解体場と空間的配置が一致する。

の場所(例えばパンスヴァン遺跡のような居住地)に持ち出されていた。最上面では2箇所のテント跡、2箇所の炉跡、3箇所の石器作りの場、1箇所のゴミ捨て場が確認され、少なくとも40頭ほどが解体されていた。アメリカのプロセス考古学における民族考古学を主導したルイス・ビンフォード(1930-2011)による現生トナカイ狩猟民ヌナミュートの民族誌調査の結果と比較して、遺物の分布がない3箇所の円形空間は解体場だとされている(**図24**)。骨の破片の接合例がゴミ捨て場に集中していることから、共同で解体し、ゴミを1箇所に投棄したと思われる。

　ヴェルベリ遺跡においては、2つの石器技術の工程が見られる。1つは石刃の生産で、他は小石刃石核か、消耗し薄くなった石核からの小石刃の生産である。石刃は高度な技術を習得した石器の製作者によって、前後に稜をつくって

両端に打面を作り出す石核から打ち剥がされる。石核の調整段階では硬い石のハンマーが使われ、次いで軟らかい有機質のハンマーで引っかけるようにして石刃が何枚も剥ぎ取られる。この間、何回か石核の再調整が行われる。接合資料で見ると、石刃を剥ぎ取れなかった石塊や、剥離の最終段階でうまく石刃が取れなかった石核があるのがわかる。これらは初心者や練習途中の子どもや少年の手になるものと思われる。

　石刃を素材とする石器、特に骨角器の製作・加工に使われた彫器は形態的・機能的に共通の属性を見せる。一側縁を加工した小石刃は、この骨角製尖頭器に埋め込まれて使われた。これらの狩人の道具は炉の近辺に集中していた。また石刃はそのまま、あるいは加工して、トナカイの解体や皮の切断・脂肪掻きに使われる。男の狩人道具と違って炉から離れた地点に分布していた掻器は、今日でも石器を毛皮加工に使っている民族例から見て、女性の作業であったと見なされている。

7. マドレーヌ文化V期

　気候の温暖なベーリング期の後半に、マグダレニアン人はその分布を北方に拡大させた。片側あるいは両側に逆刺の付いた特徴のある銛先が、ドナウ川の上流域やライン川流域でも出ている。この時期の居住地についてはライン川流域、ノイヴィート盆地の北の端の対岸に位置するゲナスドルフとアンデルナハの両遺跡が知られている。その地域は気候の温暖なアレレード期に噴火したラーハゼー火山のパミス層に覆われていたため、遺跡の保存状態が良好であった。ゲナスドルフ遺跡はベーリング期の終末、寒冷気候の古ドリアス期へと向かうころの居住地跡である。使われていた石材の産地から、ここの住人たちが少なくとも北東方向に120km、北西方向へ100kmほど遊動していたことがわかっている。

　径6〜8mの円形の冬の住居はスレート板（粘板岩）が敷かれ、赤色オーカーが撒かれていた。周囲に等間隔で支柱穴がめぐり、中央に中心柱を支える深い

穴が見つかった。復元住居では骨組みにハンノキ材が使われ、覆いにはウマの毛皮が使われた。南西側の入口の敷居にも大きな粘板岩の平石が敷かれている。西風側には炉の煙の排出用の壁扉が設けられている。主柱のそばに玄武岩質溶岩の板石で炉が作られており、その片側でマンモスの大腿骨が見つかっている。火の上で回転させるグリル用の装置だったと思われる。この小屋はロシア平原のメジン・メジリチ文化の住居と似ているが、この時期のライン流域にはマンモスはほとんど見かけなくなっていたので、建築資材としてのマンモスの骨と牙の利用はなかった。たくさんの遺物が残されていた30〜40基もの土坑は、皮を張ってためた水に熱した石を入れて煮炊きに使ったものである。春に出産するウマの胎児骨があることや、北極ギツネと雪ウサギのような毛皮用動物を狩っていたことから冬季に、また夏の何ヶ月間に限って狩猟することができる子ウマの蹄がたくさん出たことから、夏季に活動していたことが分かった。夏季用のテントの跡も出ている。この第1号住居跡だけが復元されていたが、1997年の正式報告で第Ⅱa（Ⅱbは未調査）、Ⅲ、Ⅳの他の3軒の住居跡も明らかにされた。新しい情報についはケルン大学に留学していた佐野勝宏（東北大学考古学研究室）が言及している。

　住居床面のスレート板には多数の線刻が認められる。ウマが優位を占めていて、61枚のスレート板の表面に計74の線刻描写がみられる。マンモスはほとんど見かけなくなっていたにもかかわらず、ゲナスドルフの狩人たちは46枚のスレート板に61頭の線刻を残している。シベリアの永久凍土中から見つかったマンモスの遺体と比べて見ても、成獣と幼獣を描き分けたマンモスの鼻と口、目、体毛の毛並み、脚の毛と足指、尻穴の蓋や尻尾など細かな特徴を捉えていて、彼らが地域の生態系を熟知していたことが分かる。ウマが2頭、鳥が2羽、それに1人の人間の顔を表したスレート板がある。動物があわてて狩人から逃げ去ろうとしているシーンだと解釈されている。動物が写実的であるのとは対照的に、人間の表現は写実から遠く、人間の姿は動物の姿とは対立して意識されていた。たいへん形式化した女性の線刻が400点近く出ている **（図25）**。狩

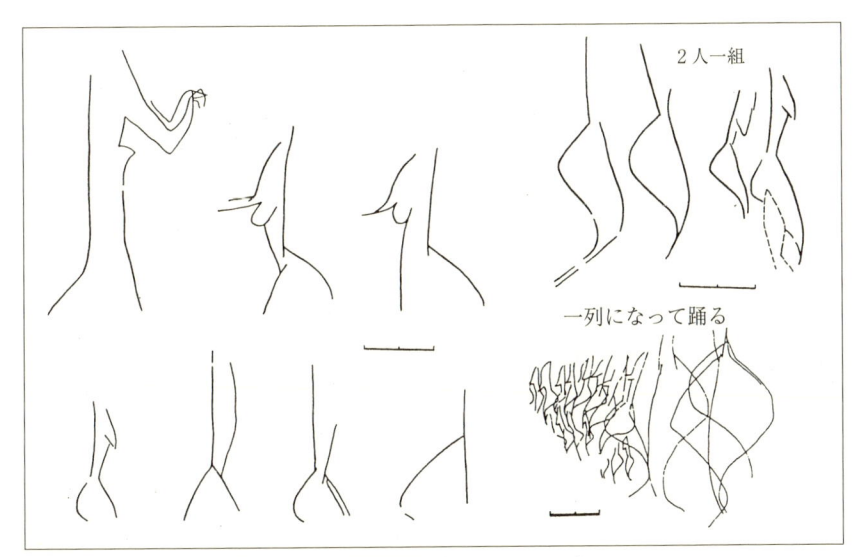

図25　ゲナスドルフ遺跡出土の女性線刻画（Bosinski 1990）

　猟民の居住地にこれだけ多くの女性像が残されている意味はよくわかっていない。首から上がなく、しばしば脚も描かれない。背中の直線と突き出した尻の曲線が特徴で、腕と乳房が簡潔に描かれたものもある。1列に並んで、おそらく踊っているシーンはゲナルスドルフ以外にも、フランスのドルドーニュ地方まで広く見られる。描かれた少女や若い女性のダンスのシーンは重要であったようで、このデザイン化されたゲナスドルフ型女性像は動物の骨・牙や石にも彫られている。西はフランスから東はウクライナまで分布しており、1万年間途絶えていた東西ヨーロッパ間の交流が再開したことを示している。

8. マドレーヌ文化Ⅵ期

　ベーリング期の後にわずか200年間ほどだが、寒冷な古ドリアス期があった。この時期に地域集団が形成され、ウマに代わってトナカイの重要性が増した。かつてマドレーヌ文化期を"トナカイの時代"と呼んだのは、ドルドーニュ地方の諸遺跡から出たこの時期の資料に因っていた。トナカイの骨角製槍先

(銛) が使い続けられた一方で、再びさまざまな形の石製尖頭器が使われ、弓矢用の石鏃も現れたようである。芸術も信仰から開放され、物語表現に移行しつつあるといわれている。ウマの速駆け、角つき合わせるバイソン、前後に歩む野牛、トナカイやウマの群れ移動など、略画法で動物の動きを表している。形式化した女性像も残っている。

9. マドレーヌ文化期以降

　寒冷な時期には人が住めなかった北西ヨーロッパに、気候の温暖なベーリング期になって人が移住してきた。マドレーヌ文化IV期との関係が指摘されている。まだ陸続きであった英国の南部からポーランドまで、ハンブルク文化と呼ばれる彼らの活動の痕跡が残されている (**図26**)。Y染色体の分析によると、スペイン北部のバスク語を話す人々とアイルランドやイギリスのケルト語を話す人々の間では、遺伝子にハプログループM 173をもつ人が90%を占めるといわれる。先行する東ヨーロッパのメジン・メジリチ文化がマンモスを、西南および中央ヨーロッパのマドレーヌ文化がウマを主要な獲物にしたのに対し、ハンブルク文化はトナカイ猟に特化していた。この狩猟民が寒冷な新ドリアス期にもこの地に留まっていたかはよく分かっていない。

　アレレード期の開始とともに上部旧石器時代の狩猟民の文化も終りを告げた。アレレード期のヨーロッパの森林景観に適応した猟漁民の文化は、アジール文化と呼ばれている。その後、1万2900年前から1300年間ほど続いた新ドリアス期と呼ばれる寒の戻りの時期に、トナカイ猟民の文化が再現し、アーレンスブルク文化と呼ばれている。先ボレアル期、ボレアル期、アトランティック期と気温が上昇し、湿潤化していった時期に、中石器時代の狩猟民文化が継続していた。

　新ドリアス期の寒冷気候のゆり戻しが終わって、森林が最終的に北方へと広がったとき、本当の挑戦が始まった。生存を大型獣にたよっていた人々にとって、根本的な問題は、森林環境がそれまでの草原景観ほどは食糧を供給してく

第1節　マドレーヌ文化　47

図26　ハンブルク文化期の遺跡分布（Bosinski 1990）

-50 bis -20 m
-20 bis 0 m
0 bis 200 m
200 bis 500 m
über 500 m

れないことであった。単位あたりの生物量は4分の1程度に減ったといわれる。容赦のない選択に迫られた。動物を追って北方へ移動するか、留まって新しい環境条件に適応するか、二つにひとつの選択であった。居住跡の数は3分の1に減っているが、この地域から人が移動してしまった結果なのか、急激な環境変化を生き延びることができた人の数が減ったためなのか、よく分かっていない。明らかにされていることは、留まった人々が口にするものを急速に変化させたこと、つまりもっぱらトナカイを食べていたのが、森林に生息するアカシカやイノシシやオーロックを食べるようになったことである。

第2節　ナトゥーフ文化

1. ナトゥーフ人の文化

　1971年12月に、「西アジアにおける農耕牧畜文化の起源—洪積世末から沖積世初頭にかけての文化的変遷—」と題する修士論文を提出した。当時はまだナトゥーフ文化に関連する考古資料は、1930年代に英国の女性考古学者ドロシー・ギャロッド（1892-1968）らが調査したイスラエルのカルメル山洞窟群、特にエル＝ワド洞窟など地中海沿岸の遺跡が中心で、ヨルダンのベイダ遺跡やシリア内陸のユーフラテス川左岸にあるテル・ムレイベットなど周辺地域の"集落跡"がようやく知られだした頃である。当時の学界のナトゥーフ文化観として、論文の結論部分を再録しておく。

　「前期ナトゥーフィアンはすでに十分完成した様式を備えて突然出現したかの印象を与える文化である。三期の中では最も豊かな文化内容を残している。この時期の住居址や建築遺構、埋葬施設や埋葬遺体などから見ると長期に亘って居住していたと考えられる。石器ではピックや大型削器なども出ているが、細石器、特に三日月形細石器の数が多い。鎌刃も多く、形はやや小型で細長く矩形か一端を尖形にしてある。この種の石刃や細石器には多く特徴的な刃潰し技法—ヘルワン・リタッチ—が見られる。これらフリント以外にも骨と貝がい

ろいろの道具、装身具の製作に多用されていることが注目される。また石臼と石杵の発見例も多い。さらにこの文化を豊かにしているものに多数の彫刻品の発見がある。例えば、ケバラ出土の骨製の鎌の柄の部分に彫られた動物の頭部、ワド出土の骨製の若鹿と方解石製の人頭、マラハ出土の石灰石製の彫像、ズエイティナ出土の石灰石製の反芻動物、サクリ出土のエロス的彫像などがある。この時期に人口が増加したことは発見された遺跡の増大からも知られる。

　後期ナトゥーフィアンの遺跡として確かなものは、エル・キアムとナハル・オレンの2遺跡が知られるに過ぎない。この時期の最も重要な遺物は石鏃と穿孔器であり、三日月形細石器などの細石器は少なくなり、ヘルワン・リタッチは姿を消してしまう。二次加工の剝離法では押圧による新技法が採用されている。このナトゥーフィアンの最後の段階と新石器タフーニアンの最初の段階との間にはほとんど差異は見られず、エル・キアムでは型式的にも層位的にも連続している」。

　なお、当論文は加筆修正のうえ、考古学雑誌第59巻第4号（1974）に掲載されている。ナトゥーフ文化の今日的な研究が進展したのは1980年代後半のことである。

2. 農耕起源に関する諸説

　食用動植物の飼育・栽培の起源と農耕に基盤を置く定住村落の出現は、今なお西アジア考古学の主要な研究テーマである。古くはソ連の植物学者・遺伝学者のニコライ・ヴァヴィロフ（1887-1943）が世界各地へ出向いて農学・植物学的調査を行い、その成果に基づいて、遺伝的多様性の高い地域がその作物の発祥地であると考え、そして、ムギ類の起源が西アジアにあることを論じた（1926）。それ以前に、アメリカの地質学者・探検家のラファエル・パンペリー（1837-1923）がトルキスタン探検を指揮し、イラン国境に近い南トルクメニスタンにおいてアナウ遺跡を発見し、そこからコムギ栽培を示す遺物を発掘していた（1908）。パンペリーの主張に啓発された英国の考古学者ゴードン・チャ

イルド（1892-1957）は、飼育・栽培の起源が更新世／完新世の気候変動と関連することを主張した（1928、1936）。気候の乾燥化によって、人間と動物と植物が水場近くに集まり、3者の共生関係が深まるなかで、飼育栽培化が始まったという「オアシス理論」である。

　当時、最古の農耕村落跡と考えられたイラクのジャルモ遺跡を発掘調査したシカゴ大学のロバート・ブレイドウッド（1907-2003）は、農耕が開始された地域は古代都市文明の発達した河川流域ではなく、野生の動植物種の豊かな丘陵地（ブレステッドのいう「肥沃な三日月地帯」）だとする「山麓モデル」を唱えた（1960）。1960～70年代のアメリカ考古学で、プロセス考古学を主導したルイス・ビンフォード（1930～2011）が生態学的視点から提唱した「周縁地理論」（1968）はこうである。地中海沿岸の居住最適地において人口が増加した結果、環境への圧力が高まり、人口の一部は環境の劣る周縁地への移住を余儀なくされた。しかし移住地さきの先住者ともども、食料需要からいろいろな動植物の食料化が図られた。植物の栽培化、動物の飼育化はその一環である、と。その結果が農耕（穀類作物）の開始につながったのである。同じくプロセス考古学を主導したミシガン大学人類学教授ケント・フラネリーも同様の生態学的説明を行った。特定の動植物に偏るのでなく、食べられる資源は何でも利用するという、食料資源の広範囲な開発が長期にわたって継続されてきたので、そうした試みが定住と人口増につながったというのがフラネリーの「広範囲革命論」で、1970年前後に流布した。いわゆるプロセス考古学の新しい研究を横目に見ながら私は、先の修士論文を書いたのであるが、同時期に、ニューヨーク州立大学人類学教授マーク・コーエンの過剰人口による食糧危機説（1977）が話題を呼んでいた。

　環境や人口を要因とするプロセス考古学を批判して、その後に台頭したのが狩猟採集民の生産関係に焦点を当てたロンドン大学遺産人類学教授バーバラ・ベンダー、複雑な狩猟採集民社会での傑出した個人同士の競争・饗宴をテーマにしたカナダのサイモン・フレイザー大学教授ブライアン・ヘイドゥンなど、

社会人類学的な論調である。ただし彼らのモデルには、検証できる考古学的物証に乏しいきらいがあった。この研究領域でも、さらに人の心（認知）への接近を試みる研究が出てくる。ピーター・ウィルソンの『人間の飼育化』（Yale University Press, 1988）は今日なお影響力を持つ本である。狩猟採集民社会と飼育化社会の対照を強調し、自然と文化、遊動と定住、分配と貯蓄、開放と閉鎖、非社会構造と社会構造、平等と不平等、公と私、神話と歴史など，その二項対立的な事項設定は、変化の過程を追及する近年の考古学には馴染まないかもしれない。ジャック・コヴァンの『神々の誕生と農業の起源』（Cambridge University Press, 2000：仏語原版 1994）は評価が高い。次章の記述ではこの本を参照している。ポストプロセス考古学の旗手、イアン・ホダーの『ヨーロッパの飼育化：新石器社会の構造と偶発』（Blackwell, 1990）では、心理的、社会的、象徴的要因が重視されている。ホダーは家屋と家事（ドウマス）を最も重要視している。「ドウマス（家屋と家事）が中央舞台となった。家屋は平石が敷かれて彩色され、漆喰を塗られて機能的に区切られた。死者が運び込まれて管理され、床下で奉養された。PPNA 期までに、野生動物が導入されて家庭内で"管理"された。"野生の"植物も導入されて栽培作物に変えられた。野生から文化（耕作）への変換にとって、ドウマスが概念的かつ実践的な場となった」、とその骨格を説明している。現在、ホダーはジェイムズ・メラアートの発掘調査で名高いトルコのチャタル・ヒュユック遺跡の調査に従事している。

3. 新ドリアス理論

新ドリアス理論は 1989 年に、オファー・バル＝ヨゼフ、デイヴィッド・ハリス、ドナルド・ヘンリーらがそれぞれの素案を提示し、1990 年代に練り上げられた今日最も有力視されている仮説である。例えば、バル＝ヨゼフ案では、①新ドリアス期のような急激な環境変化が引き金となり、②ナトゥーフ人が予測可能で豊富にある野生の穀類資源を集約的に利用して、③定住化の傾向を強

めたため、④人口圧がかかり、⑤技術革新が促されて、社会が複雑化するとともに経済活動が強化され、農耕化した、というシナリオである。

　西アジアでは少なくとも16種、つまり植物で11種（オオムギ・カラスノエンドウ・ソラマメ・ヒヨコマメ・ヒトツブコムギ・エンマーコムギ・アマ・エンドウ・ライムギ）、動物で5種（イヌ・ウシ・ヤギ・ブタ・ヒツジ）が栽培され、飼育された。アマ以外はすべて、今日、地中海域の森林か隣接するステップ・草原との境界域に生息している。2万2000年前の最寒冷期は今日よりはるかに寒く乾燥しており、地中海の海面もかなり低下していた。上記の植物はカシ・アーモンド・ピスタチオなどの森とともに、地中海沿岸や黒海沿岸に避寒していた。1万4600年前の急激な気候の回復（気温の上昇と降雨量の増加）に伴って、レバント地方のレフュジア（避寒地）から「肥沃な三日月地帯」へと分布を広げたことは、各地の考古学調査によって裏書きされている。冬季の降雨と夏季の乾燥という季節性が強まり、大気中のCO_2の増加と相俟って、一年生植物である穀類や豆類が分布を広げた。その結果、各地の狩猟民が豊富な植物性食料を手にする機会を得たのである。そして新ドリアス期（1万2900〜1万1600年前）に気候が再び悪化したときに、いろいろな生き残り策が試みられた。そしてそうした努力の後に、再び急激な気温の上昇をみて農耕社会が開花したのである。

　このように激しく気候が変化した更新世末から完新世初頭においては、当該地の植物群集は今日と大きく異なっており、この種の研究には生態学的な見通しは欠かせない。

4. 更新世／完新世移行期のレバント地方

　西アジアにおいては、晩氷期の寒冷な気候はヨーロッパほどひどくはなかったし、温暖化は確実に滞ることなく進んだ。しかし、北アフリカと西アジアにおいては、低気圧性の気象現象が特徴で、一般的な世界の気温よりも、むしろ降雨パターンを支配する偏西風に左右されている。ザグロス山脈から湾岸まで

の地域は、9000年前までは半砂漠であった。湾岸地域が長い間乾燥し、インド洋からの夏のモンスーンもなかったからである。対照的にその西側のレバント地方は、地中海からの風のおかげで乾燥化が避けられた。1万8000～1万5000年前頃は現在よりも湿潤で、シナイ半島、ネゲヴ砂漠、シリア砂漠など厳しい乾燥で知られるところにも、幾何形細石器を残した狩猟採集民のキャンプ跡（「ケバラ文化」）が多数見つかっている。1万4500年前ころのナトゥーフ文化期に気候の悪化があり、現在と似た状況になったことが知られている。

　イスラム諸国の政治情勢の悪化を反映して、近年の発掘調査とその成果には地域的なバラツキがある。レバント地方南部（イスラエル・ヨルダン・ヨルダン川西岸）、レバント地方北部（レバノン・シリア）、タウルス - ザグロス山麓地帯（トルコ東南部・イラク北西部）とその東側（イラク・イラン）では、情報量に大きな格差が生じている。ここでは、調査研究の情報量の多いレバント地方南部の近年の考古学成果を参照して、"新石器革命"直前の変動を見ておこう **(図27)**。

　レバント地方における動植物の飼育栽培の開始は、決して"革命的出来事"ではなく、長期にわたる漸進的な進展過程であった。この地域では、上部旧石器時代(4万5000～2万3700年前)に後続して続旧石器時代が設定されている。その前期（ケバラ文化：2万3700～1万8000）に穀物を初めて利用した証拠が出ている。中期（幾何形ケバラ文化：1万8000～1万4900／1万4600年前）には、さまざまな狩猟・採集活動が試みられていた。後期（1万4900／1万4600～1万2000／1万1700年前）がナトゥーフ文化期で、定住型の狩猟採集活動が行われた。だが、その後半は衰退ないし静止期であった。その原因は気候の寒冷化（新ドリアス期）とされている。新石器時代の始まりは先土器新石器A期（PPNA：1万2000／1万1700～1万650年前）である **(図28)**。農耕に基盤を置く経済は次の先土器新石器B期（PPNB：1万650～8400年前）の、特に前葉と中葉に大きく進展した。多数の家畜を飼う、複室矩形家屋の大きな村落が現れた。その後、末葉から土器新石器時代にかけて、村落の縮小・

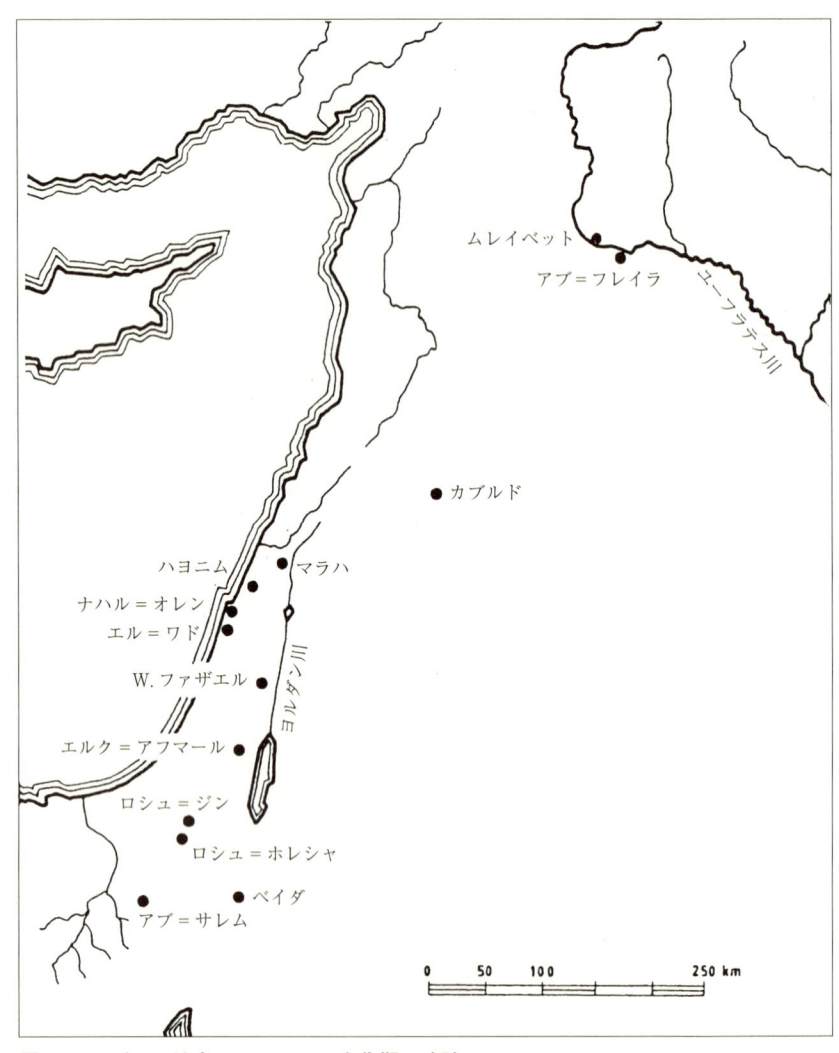

54　第2章　更新世／完新世移行期の急激な気候変動に人類はどう対応したか

図27　レバント地方のナトゥーフ文化期の遺跡

分散が見られ、この生産形態が各地に拡散した。その原因も気候の寒冷化(8200年前のボンド・イベント)にあったと思われる。

5. 気候の変化と文化の画期

　地中海とシリア砂漠との2つの気候帯に挟まれたレバント地方は、今日、夏の気候は亜熱帯性高気圧の影響で温暖で乾燥し、冬の気候は地中海低気圧の影響から冷涼で降雨がある。この地域は気温よりも乾湿の変化の影響が大きく、穀物の生長にとって下限となる年間平均降雨量200mmの線で二分される。死海の水位変動、キンネレット湖（ガリリー湖）底堆積物の花粉分析、沿岸砂丘の移動などに気候の変化が記録されている。例えば、過去6000年間にそれぞれ6つの湿潤期と乾期があったことが、死海の水位変動から分かっている。そしてイスラエルの考古・歴史資料から推定される人口の変動とよく一致していると報告されている。洞窟の鉱物沈殿物の同位体構成（δ^{18}O と δ^{13}C）の変化からは、過去6500年間の気候条件は現在と変わりがなく、4つの段階に区

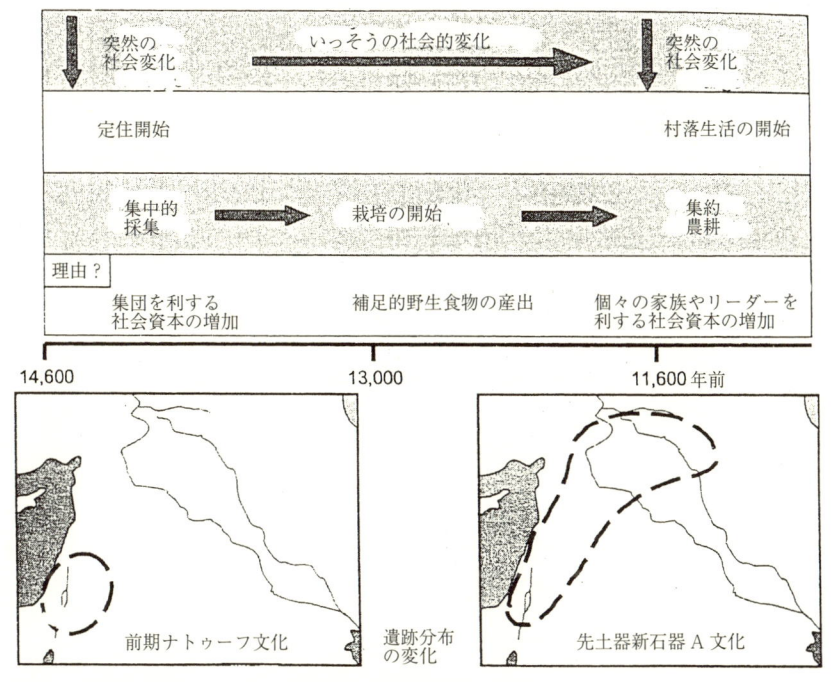

図28　農耕化過程にともなう社会的・経済的変化（Byrd 2005）

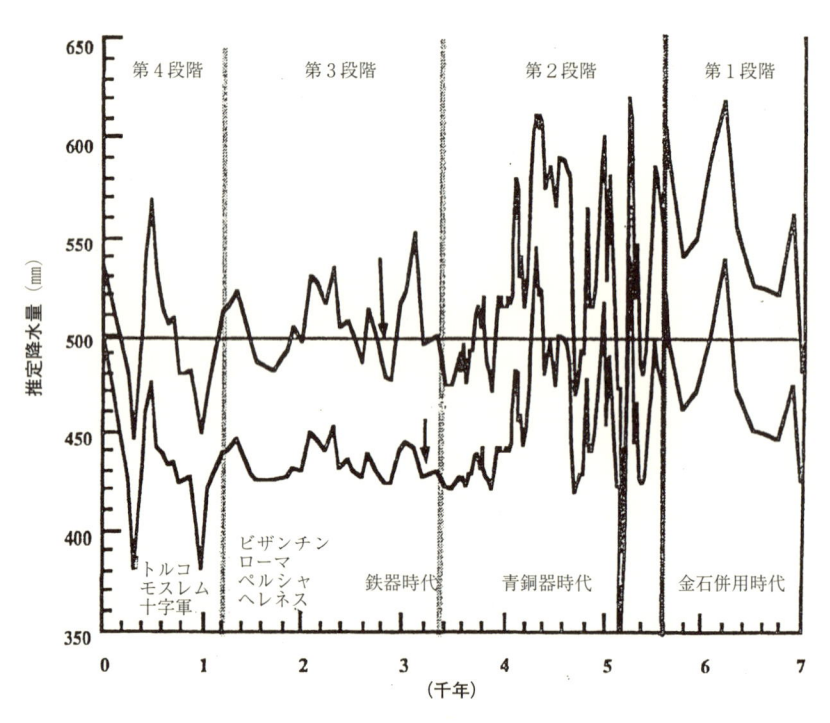

56　第2章　更新世／完新世移行期の急激な気候変動に人類はどう対応したか

図29　推定気温18℃と20℃とした場合の推定降水量（Bar-Matthews et al. 1998）

別できる。第1段階と第2段階（金石併用時代・青銅器時代）は現在より湿潤な時期であったが、第2段階（5600〜3050年前）が特に気候変動の激しい時期であったことが知られる。注目されるのが5200〜5000年前と4150年前に始まった急激で激しい乾燥化（ボンド・イベント）で、前者は平野部で大きな人口変化と、後者はアッカド帝国の崩壊と関係していた（**図29**）。

　最近、加速器質量分析（AMS）法による放射性炭素年代測定とその年代値の較正年代の応用が増えてきて、各地の考古学編年がより正確になってきた。レバント地方南部の続旧石器時代から新石器時代文化の編年についても言えることである（**表2**）。そこで、考古学上の文化的変化は気候の急激な変化が引き金となっていたかどうか、その関連を検討できるようになった。具体的には、

①ハインリッヒ1・イベント（寒冷）と幾何形ケバラ文化、ベーリング／アレレード期（温暖）と前期ナトゥーフ文化、②新ドリアス期（寒冷）とマシュビ文化・後期ナトゥーフ文化・ハリフ文化、③プレボレアル期（温暖）とPPNA（先土器新石器時代A）期・スルタン文化、④8・2kaイベント（寒冷）とPPNB／PPNC・ヤルムク文化との関係が問題になる。

　ケンブリッジ大学とトロント大学の3人の研究者による最近の共同研究では、大まかに言えば、前期ナトゥーフ文化はベーリング－アレレード期の開始期に始まっている。同様に、後期ナトゥーフ文化も新ドリアス期と、またPPNAもプレボレアル期と近い。しかしほとんどの場合、文化期の開始は気候変化に先行しており、数百年も早い場合もあるようだ。両者の不一致の一つの要因が伝統的な考古学特有の「文化モデル」にある、と3人は考えている。考古学者が前期ナトゥーフ文化や後期ナトゥーフ文化と呼んでいるのは、特徴のある石器の1～2の型式を主体とする遺物・遺構の組み合わせのことである。さらに、石器の形態のような"モノ"の変化の過程は、居住形態、生業、埋葬行為などの変化の過程と同時に進行したことを前提にして、「文化史」の編年的指標としてきたのである。しかし実態は、新しい石器の採用が居住形態あ

表2　レバント地方の続旧石器時代―新石器時代の^{14}C年代（Verhoeven 2004）

（続旧石器時代）	
前期ケバラ文化	20,000～18,000B.P.（2万3700～2万1400年前）
後期ケバラ文化	18,000～14,500B.P.（2万1400～1万7400年前）
幾何学形ケバラ文化	14,500～12,800B.P.（1万7400～1万5300／1万4800年前）
前期ナトゥーフ文化	12,800～11,500B.P.（1万5000～1万3500年前）
後期ナトゥーフ文化	11,500～10,600B.P.（1万3500～1万2500年前）
晩期ナトゥーフ文化	10,600～10,200B.P.（1万2500～1万2000年前）
（新石器時代）	
PPNA	10,200～9400B.P.（1万1700～1万500年前）
前期PPNB	9500～9300?／9600～8500B.P.（1万500～1万100?／1万1000～9500年前）
中期PPNB	9300～8300／9300～8500B.P.（1万100～9250／1万100～9500年前）
後期PPNB	8300～7900／8500～8000B.P.（9250～8700／9500～8700年前）
晩期PPNB／C	7900～7500／8000～7500B.P.（8600～8250／8700～8250年前）
PN	7500～6650／8050～6450B.P.（8250～7500／8700～7300年前）

PPNA：先土器新石器A　PPNB：先土器新石器B　PN：土器新石器　（　）内は較正年代

るいは人口の変化と必ずしも同時に起こることではない。文化の構造的な変化に対しては、それぞれ個別に、またある一つの特徴のあるなしではなく、変化の頻度や規模を基準にして、精緻な編年を組み立てていく必要がある。実際、ナトゥーフ人の居住形態は新ドリアス期の開始後に重大な変化を被っている一方で、文化の示準化石として使われる石器技術面の変化はずっと早くに始まっていたのである。

6. オハロⅡ遺跡

定住化の傾向を示す居住の跡は、上部旧石器時代にはトルコのウカギズリ洞窟の空間の仕切り（隔壁）など、数箇所の遺跡を除きほとんど見かけない。直径4～5mのソラマメ形のわずかに掘り窪めた住居（小枝や潅木を使った小屋掛けのような簡単なもの）の跡が、続旧石器時代の前期に、オハロⅡ、アイン＝ゲヴⅠ、ナハル＝ハデラⅤ、アザリクⅩⅢなどの遺跡で見つかっている。その後の中期に属する住居跡は報告されていないが、家の付属的施設の跡が部分的に幾つかの遺跡で見つかっている。この時期までの遺構は少人数の核家族が一時的に滞在した様子を示唆している。

オハロⅡ遺跡はキンネレット湖（ガリリー湖）の南西岸、海抜−212.5mにある。湖面下に沈んでいたが、1989年と99年の異常渇水期に現れて、発掘調査が行われた。保存状態がよくて、中心部では3軒の小屋の跡、集石、4箇所の炉跡、35～40歳の壮年男子を埋葬した墓、土坑と廃棄場が見つかった（図30）。多数のコイ科の魚骨、ギャゼル、ファロージカ、キツネ、ウサギなどの動物の骨、カシ（ドングリ）など100種以上の炭化した種実が検出された。3枚の居住層がある第1号小屋跡は焼失住居で、玄武岩製の台石が設置されていて、そこに付着している"澱粉"を分析した結果、野生の大麦とおそらくエンメル小麦の製粉が行われていたことがわかった。オーヴン状の炉で練り粉が焼かれていたようである。細石器、骨器、130個のデンタリウム貝のビーズなどのほか、最も注目されるのが、炭化した縄の断片である。魚骨の堆積と関わ

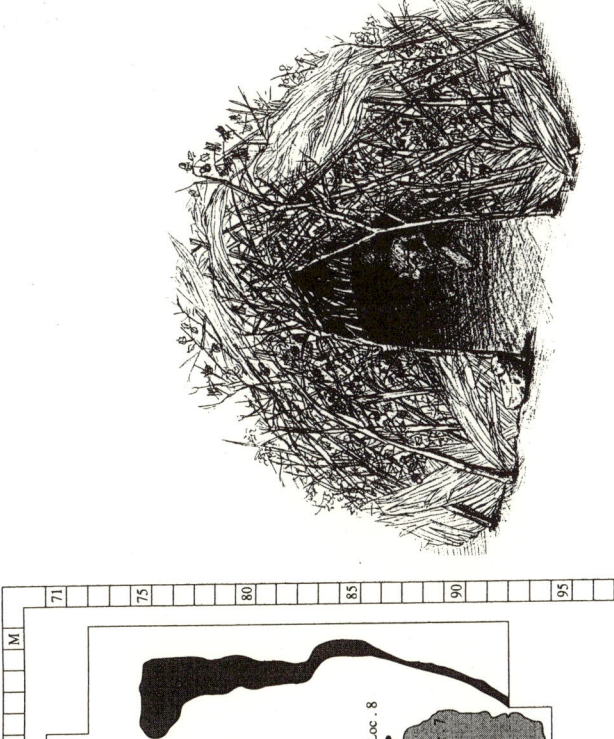

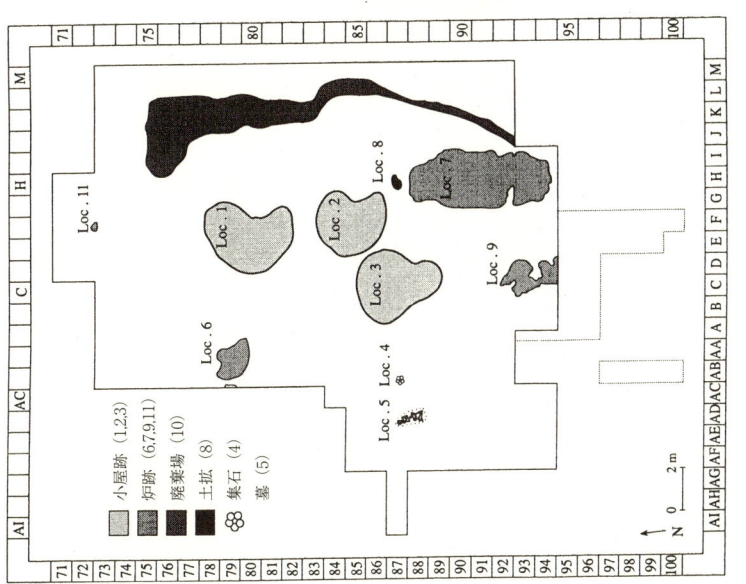

第 2 節　ナトゥーフ文化　59

図 30　イスラエルのオハロ II 遺跡：遺構配置と I 号住居跡の復元 (Nadel & Werker 1999)

る位置から見つかっており、保存用の籠か漁撈用の網が推測されている。そうだとすると、1万9300年前のたいへん珍しい遺物である。調査者は年間を通し繰り返し居住のあったキャンプ地と見なしている。

レバント地方の環境は一様でない。その違いは潜在的収容力の違いを反映して、環境条件の良好な所と周辺的な地域とでは、狩猟採集民の適応的行動は当然なことに異なっていた。彼らの1年を通した遊動域の大きさ、遊動の季節性と相対性にも違いが生じていた。また、旧石器時代から新石器時代への社会的・文化的な動態だけでなく、当該期の温暖・湿潤化および寒冷・乾燥化の気候変動への彼らの対応にも、注意を向ける必要がある。

7. 温暖・湿潤期のナトゥーフ文化

続旧石器時代の後期にあたるナトゥーフ文化期になって、耐久性のある構築物が普通に見られるようになる。特に地中海沿岸地域に多い。その大部分は核家族用の住居としては大きすぎたり、反対に小さすぎたりする。その構築物は内部に明らかに象徴的・祭祀的意味をもつ遺構を時に伴っている。ナトゥーフ人の社会は遊動的狩猟採集民社会から定住的農耕民社会への移行段階にある、と言われている。遺跡からはガゼル、陸ガメ、野性のヤギ、ノウサギ、ヤマウズラの骨が多く出る。水産資源に関する研究は少ないが、ハヨニム洞窟では内部から4000点以上、その前庭部からも777点の貝が出ている。アイン＝マラハでも334点、サリビヤIでも222点出ている。エル＝ワド洞窟出土の貝類では、陸産が8種、淡水産が1種、海産が16種ほど同定されている。魚骨は残りにくいため出土遺跡も数も限られているが、地中海沿岸のいまは水没してしまった遺跡で漁撈の痕跡が見つかるかもしれない。

ナトゥーフ文化期の前期には、定住化、社会の複雑化、社会的領域の形成、穀類の集約的な利用、人口密集など、農耕社会の先駆けの時期らしい兆候が見られる。地中海沿岸の森林地帯がその中核地帯（ホームランド）と言われてきた。だが、1980年代以降にデータの見直し作業と周辺地域の発掘調査が始まり、

従来の見解の見直し作業が進んでいる。

　当初、この文化の存在は両面からの背部加工（ヘルワン・リタッチ：エジプトのヘルワン遺跡にちなむ命名）が施された三日月形細石器を指標にしていた。発掘調査の資料が増えた現在では、狩猟具の石器よりも、植物食料の利用に関連する石器類、すなわち石台と石槌、砥石、敲石と石臼、石皿と磨石が重視される。気候が回復して暖かく湿潤になると、ピスタチオやカシを含む森林が拡大してきた。そこでドングリやピスタチオの実を積極的に利用し始めたことが、近年の植物珪酸体分析でわかっている。野生穀類の利用とも相俟って、食料危機の度合いは低下した。地中海沿岸地域では人口が増加し、定住性が高まるとともに比較的大きな集落が出現した。構築物の革新もみられ、鎌刃、粉挽き具などいろいろな道具セットが増えた。定住することで活動領域が限られてくるが、一方で交換網がたいへんに発達した。

　地中海沿岸地帯のナトゥーフ人は、ワディ＝ハムメ27、アイン＝マラハ、エル＝ワドのような洞窟の前庭部をテラス状に平坦にしたり、径7〜15mの楕円形あるいはD字形の大型で内部が区画された耐久性のある構築物を作ったりしている。径8〜15cm、深さ20〜30cmの柱穴が環状に、時に二重にめぐり、中央に1つないし複数の柱穴をもつ例も見つかっている。ワディ＝ハムメ27遺跡では床面積が100〜130㎡もあり、しかも少なくとも3軒が隣接している。注目されるのは屋内に立てられた線刻のある石版である。こうした構築物の床下に墓壙があることもある。アイン＝マラハの第1号建物のように漆喰を塗ったベンチ状の施設をもち、石版をめぐらした遺構は埋葬施設と考えられる。これらと対照的に、径1.5〜2.5m程度の小型のものがあり、よくは分からないが特殊な機能が考えられる。ハヨニム洞窟では蜂の巣状に密集している。

　ナトゥーフ文化期の社会的行動を考える際に、それ以前と顕著な違いを見せているのが遺跡内で埋葬人骨が見つかることである。エル＝ワド洞窟からははっきりしないが100体弱、ハヨニム洞窟から少なくとも48体、2箇所の墓

地をもつアイン゠マラハから105体など、400体以上見つかっている。前期においても埋葬法は多様で、統一的あるいは複雑な葬制が見られるわけではないが、一次的合葬墓から二次的単葬墓へ、デンタリウム貝などの副葬品をもつ墓から副葬品のない墓へと、前期と後期では埋葬法が大きく変化する。これは気候変化に伴い、遊動性が高まったからと思われる。

　前期のナトゥーフ文化が新石器時代の村落の発生期と理解されるような複雑性をもつ点に関して、ヘブライ大学の女性考古学者アンナ・ベルファー゠コーエン教授らは別な視点から説明できると考えている。すなわち、定住化（長期間の共存）に伴い、より大型化した共同体（ワディ゠ハムメ27の少なくとも3軒の大型建物、アイン゠マラハの連続した第51号、第131号、第62号建物など）にとって、ストレスと重圧（スカラー・ストレス）は避けがたく、外圧に対する象徴的行為が必要とされるからだ、というのである。後期になって生活が遊動化するにつれ、スカラー・ストレスが薄れるに伴い、祭祀的行為が改善されて集団の集合の契機としては埋葬の実践活動に集中していった、というのである。

8. 新ドリアス期のナトゥーフ文化

　新ドリアス期に入って、森林が後退し、ピスタチオやドングリのような食料資源が減少した。草原が広がったため、野生穀類の収穫用の鎌刃と製粉具が増加した。草原を維持するための野焼きや、穀類の貯蔵を行った可能性がある。ガゼルが姿を消す一方で、水鳥が増えている。定住性が弱まり、集団規模が小さくなった。活動領域が拡大し、地中海からだけでなく、南のほうからの交換物が増えている。

　ナトゥーフ人の住居は小型化（径5〜7m）した。建築のプランも骨組も恒久性が失われ、先祖がえりしたかのように、続旧石器時代前期の様相に似てくる。中央ネゲヴのロシュ゠ジンでは径3〜4mの、ハヨニム洞窟例に似た遺構が見つかっている。1万1500年前以降の幾つかの遺跡（ナハル゠オレン、

第 2 節　ナトゥーフ文化　63

ヒラゾン＝タクティット洞窟など）では、基本的に遊動化の傾向を強めたナトゥーフ人が、墓域として葬儀や埋葬行為を行ったようである。中央ネゲヴ高地にあるロシュ＝ホレシャ＝サフルリムは 4000～5000 ㎡にわたる広大な遺跡群であるが、ここには 1.5～2m の長い石板を使った径 8m の構築物を例外として、恒久的な建物は見られない。豊富に群生する秋季の食料資源を目当てに、ネゲヴ地域を生活基盤としていたナトゥーフ人の諸集団が、一時的に集合して残した遺跡だと見なされている。

　遊動的生活にともなう住居の小型化傾向は、ナトゥーフ文化の終末期の地中海地帯でも認められる。新ドリアス期の寒冷化が原因だと言われる。同時期にネゲヴ高地やシナイ半島にいたハリフ人たちが残したのも、アブ＝サレム、ラマ＝トハリフ、シュルハット＝ハリフ、マアレ＝ロマン東および西などの諸遺跡に見るように、径 3～4m の小型の準竪穴住居跡である。

　洞窟内あるいは前庭部の岩盤に穿たれた人工的な穴に、最近になって注目が集まる。1930 年代のドロシー・ギャロッドらの調査で有名なカルメル山のエル＝ワド洞で最初に確認された。「カップマークス」などと呼ばれ、植物性食料、特に穀類の調理に関する遺構と見なされてきた。今日まで、ネゲヴ砂漠のサフルィム（150 基以上）とロシュ＝ジン（25 基）およびアッパー＝ベソアー 6、ヨルダン川下流のフズク＝ムサ（80 基以上）およびイエリコ、ヨルダンのハサワディのユティル＝アル＝ハサ D 区（44 基）と南部の山地のワディ＝マタハなどで数基だが見つかっている。エル＝ワドやナハル＝オレンのあるカルメル山のラケフェット洞窟の調査では、イスラエルのハイファ大学のダニ・ナデルとダニー・ローゼンバーグらが、洞内からも前庭部からも、径数センチメートル、深さ 5cm 弱の小さいものから、径 20cm 以上、深さ 20～80cm の円筒形のものまで、大小いろいろな形態の"人工岩盤穿穴"を 85 基あまり検出して分析している。人骨と岩塊が詰まった埋葬墓、副葬品かと思われるフリント石核を埋納した穴、礫が嵌め込まれた深い穴（敲石と石臼の機能をもつ？）など、食料や顔料の加工処理と貯蔵以外にも、社会的、象徴的な意味を

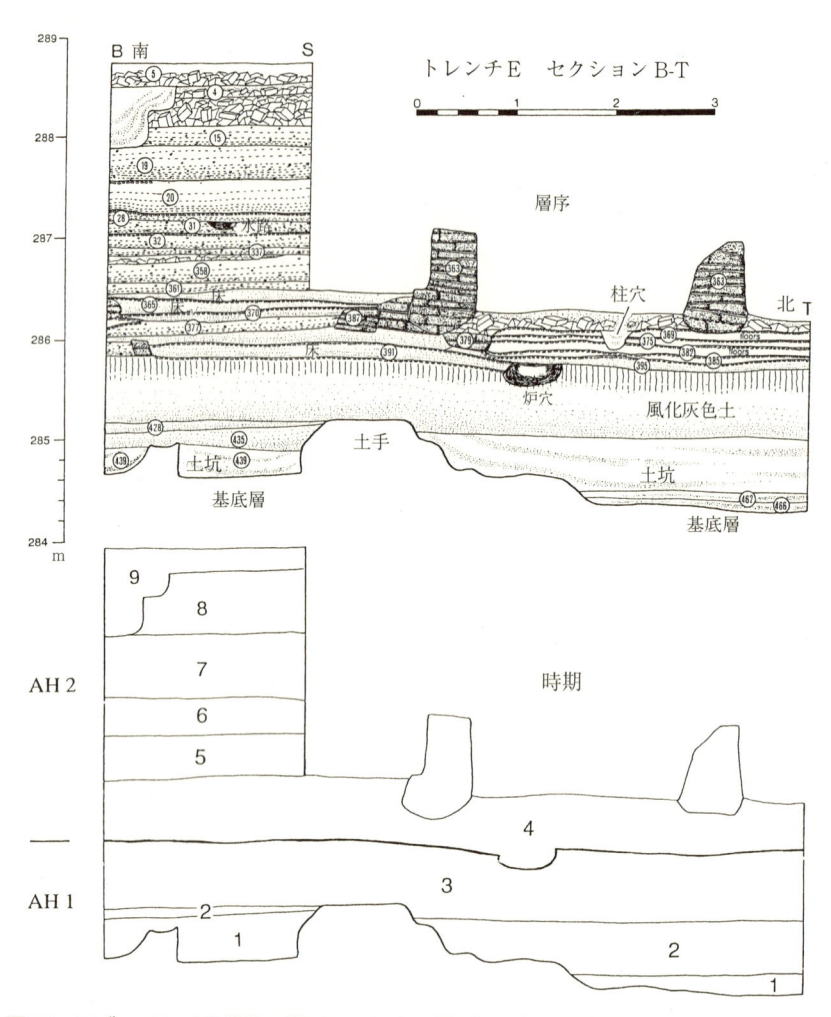

64 第2章 更新世／完新世移行期の急激な気候変動に人類はどう対応したか

図31 アブ＝フレイラ遺跡1期（AH1）と2期（AH2）の居住層
(Bar-Yosef and Valla 1991)

もつ遺構であったようである。前期に少なく、後期に一般的となる。PPNA期になると、いわゆる「カップマークス」を除いて姿を消してしまう。PPNB期には石皿型のものに機能がとって代わられる。

前期と比べて大きく変化したのが葬制である。集団墓から単葬墓に替わり、副葬品がほとんど見られなくなった。ハヨニム洞窟では頭部を欠いた埋葬人骨、および隠匿された頭骨が見つかっていて、先土器新石器時代のイエリコなどでつとに知られた葬制の先駆けと見られている。これは後期ナトゥーフ文化期から先土器新石器時代への継続、すなわち社会的格差の表出を抑え、共同体への所属と共通の祖先を強調する葬送儀礼の発達と見なされている。

続旧石器時代後期に見られた定住化と資源増強の思わぬ結果が栽培化であった。レバントの北部のアブ＝フレイラで見ることができる（図31）。この遺跡はユーフラテス川中流の河岸で、疎林ステップへの移行帯にある。良好に残る植物遺存体から推して、2～3種の重要な植物種によって通年の居住が可能であったらしい。居住が開始されてから500年がたった頃、森林ステップが縮小しだし、野生穀類と果実類の利用が困難になった。新ドリアス期の冷涼化・乾燥化が原因と考えられている。突然、植物遺存体中に雑草類が増えたことで、ムギの栽培が始まったと推測される。栽培種と見られる大粒のライムギが出ているが、その年代値は400年くらい新しくなるらしい。近くのムレイベット遺跡でも栽培が行われたという報告もある（第3章第1節）。

9. 先土器新石器時代（PPN）

西南アジアにおいては、農耕の開始から遅れて土器が出現した。土器が出現するまでを、先土器新石器時代（Pre-Pottery Neolithic）と呼んでいる。新石器時代の開始についてはキアム文化期（1万2000～1万1600年前）の情報が重要なのであるが、よく分かっていない。第2の大きな変革期である農耕村落の出現は1万1600年前頃で、急激な気温の上昇と降雨の増加が起こった直後であった。ムギやマメなどの生息環境が変わり、耕作民の居住地は地下水面の高い地域に移った。農村共同体はナトゥーフ人の最大のものに比べても3倍から8倍の大きさで、村落は最大のもので2～5haの広さ、300人ほどの人口を擁したと見積もられている。建物は石の基壇の上に泥レンガか、粘土と泥を混

ぜたものを編み枝に塗りこんで壁を作っていた。

　PPNA期の村落遺跡の数は多くはないが、ヨルダン川両岸、ダマスカス盆地、ユーフラテス川流域、トルコとイラク北部のチグリス川とその支流域の広域に分布し、大きな遺跡はステップの縁、湿地帯の縁、湖岸沿い、扇状地上、河岸段丘に立地している。カメ・トカゲ・水鳥などの小形動物が脂肪・蛋白源となっていたが、ムギ類が重要だったようで、ナトゥーフ人は堅果類を石鉢・石棒で砕いて粉にしていたのだが、磨石・石皿でひいて粉にするようになった。

　ホダーが考えたように、家内が社会的，象徴的，儀礼的役割の中心になった。埋葬、家屋の規模、威信財など首長あるいはエリート層の存在を示す考古遺物はほとんど出ていないが、家族間に富・地位・権力の差が生じていたと考えられている。その傾向がはっきり現れるのは次のPPNB期で、儀礼・祭祀やシンボリックな遺構・遺物、牧畜、人口増、そして町が出現してくる。

第3節　縄紋化のプロセス

　旧石器時代研究における地域編年は、東京都の武蔵野台地の層位に準じた編年を基準に、近年では神奈川県相模野台地で厚く堆積する地層と、そこに包含される石器類を目安にした「相模野編年」（諏訪間編年Ⅰ～Ⅻ段階）に対比して組み立てられている。しかし私は、構造変動論の視点から、日本列島の後期旧石器時代を、①中期／後期移行期、②後期前半、③後期後半（さらに前葉と後葉に2細分）、④旧石器時代／縄紋時代移行期、に区分している。これは列島規模での石器群の大きな変化期に注目した時期区分で、構造（人と自然、人と人の関係性、すなわちエコシステムとソーシャルシステム）の変化を含意している。

　この私の5期区分は、最終氷期の古環境変遷に関する最近の工藤雄一郎（国立歴史民俗博物館）による区分、すなわち、「MIS3 Transition：約44,000～38,000 cal BP」、「MIS3 Early Cold：約38,000～28,000 cal BP」、「MIS2 LGM

Cold-1：約 28,000～24,000 cal BP」、「MIS2 LGM Cold-2：約 24,000～15,000 cal BP」、「MIS2 LG Warm：約 15,000～13,000 cal BP」に対応するかもしれない。ただし、工藤は長い論争史をもつ後期旧石器時代以前の石器群の存否には無関心である。また、私たちが長年かけて否定してきた発展段階論を復活させているし、火山の大爆発などの自然災害への配慮もたりない。列島の後期旧石器時代の開始は、遠因は気候の変化にあるかもしれないが、直接的にはアフリカを出た現生人類（ホモ・サピエンス）の到来による、というのが最近の定説である。

1. 気候変動と縄紋文化の変化

最近、放射性炭素による年代測定技術の高精度化〈微量炭素での測定を可能にした加速器質量分析（AMS）法と、測定値を実年代に近づける較正年代〉と、グローバルな古気候データの提示・応用によって、縄紋時代の開始あるいは縄紋文化の起源をめぐる新たな論争が活気づいている。

1998 年に大平山元Ⅰ遺跡の第 2 次発掘調査が行われた。ここでも長者久保系（あるいは神子柴系）石器群に伴い、46 点の土器片が出土した。土器に付着していた炭化物を試料とした AMS 法による年代測定値の較正代年は、土器が 1 万 5300～1 万 6500 年前の古さであることを示唆している。調査者の谷口康浩（国学院大学）はこの結果を受けて、日本列島の「初期土器群」を、隆起線紋系以前の土器群（1 期：1 万 6050～1 万 5170 年前ころ）、隆起線紋系土器群（2 期：1 万 5170～1 万 3780 年前ころ）、円孔紋・爪形紋・押圧縄紋土器群（3a 期：1 万 4520～1 万 2060 年前ころ）、多縄紋系土器群（3b 期：1 万 2090～1 万 1370 年前ころ）に区分した。そしてこの 4500 年余の長い「縄紋時代草創期」を「旧石器－縄文移行期」と捉え、これに続く縄紋時代早期をもって縄紋時代の始まりとしている。1 期は最古ドリアス期以前、2 期をベーリング期、3a 期をアレレード期、3b 期を新ドリアス期におおよそ対応させている。

放射性炭素年代値の暦年較正を積極的に推進し、「環境変遷史」という研究

領域の開拓を図る工藤雄一郎は、当該期の気候変動を5段階に設定している。すなわち、段階Ⅰ：最終氷期最寒冷期以降から約1万5560年前、第Ⅱ段階：約1万5560年前から約1万3260年前、第Ⅲ段階：約1万3260年前から約1万1560年前、第Ⅳ段階：約1万1560年前から約9060年前、第Ⅴ段階：約9060年前以降。考古学の遺跡のほうも5段階、すなわち、「細石刃石器段階」、「神子柴・長者久保系石器群＋無文土器」、「隆起線文期段階」、「爪形文・多縄文期段階」、「撚糸文期段階」に分けている。

　ところで私は、神子柴型石斧の技術・形態的変化に着目して当該期を3期に区分している。すなわち、典型的な（過剰デザインの）神子柴型石斧の時期、デザインが崩れ、粗雑化・小型化が進行した時期、断面形などにわずかに神子柴系の特徴を残す時期である。これはおおむね、隆起線紋土器以前、隆起紋土器期、隆起線紋土器以降に対応する。これも工藤の区分、すなわち、「MIS2 LGM Cold-2：約24,000～15,000 cal BP」の終末であるハインリッヒ1前後、「MIS2 LG Warm：約15,000～13,000 cal BP」、「MIS2 LG Cold：約13,000～11,500 cal BP」に対応する。ただし、このプロセスの開始は、遠因が気候の変化にあるかもしれないが、直接的には北海道からの本州への集団移動をきっかけとする神子柴石器群の成立に始まる、というのが私見である（詳しくは、『日本人とは何か』を参照されたい）。

　石斧は言うまでもなく樹木の伐採具である。この面から先の神子柴型石斧の変遷を見てみると、いまだ寒冷気候下で針葉樹林が卓越する環境下では石斧がほとんど機能しない。言い換えると、神子柴型石斧は日常生活用具ではなく、象徴財として登場したのである。周知のように、神子柴遺跡からも数は少ないが通常の石斧も出ていることから、伐採行為がなかったわけではない。そして異集団との遭遇という社会的緊張が解消して、役目を終えた神子柴型石斧は、気候が温暖化して落葉広葉樹林が拡大するにつれ、機能転換した実用品として周辺に拡大していった。その後に寒のゆり戻し（新ドリアス期）に伴い、再び石斧の有用性は薄れたと思われる。石斧が本来の位置を回復するのは縄紋時代

早期に入ってのことである。

ところで、この東日本型縄紋化モデルについては、この20年間の論文・著作で修正しつつ繰り返し言及してきた。一握りの研究者が注目しただけだったが、最近になって、ようやく谷口康浩(『縄文文化起源論の再構築』)がこの軌跡を追従してくれた。若い研究者たちにはぜひこの仮説を検証してもらいたい。実はもう一つの縄紋化のプロセス(南九州型モデル)があるのだが、これについては『現代考古学』(1996)の第6章第5節で簡単に言及しただけであった。近年、急速に資料が増えてきたので、少し詳細に叙述してみたいが、その前に縄紋時代全般を一瞥しておきたい。

完新世(新ドリアス期終了以降)に入っても、急激な寒冷化が8回あったことが知られてきた。1997年の論文の筆頭著者の名前から「ボンデ・イベント」と呼ばれている。古いほうから、1万1100年前、1万3000年前、9400年前、8200年前、5800年前、4300年前、2800年前、1400年前である。それぞれ、おおよそ縄紋土器の大きな型式変化の時期と一致する(図32)。1万1100年前頃に草創期の土器から早期の土器に、8200年前頃に早期の貝殻沈線紋土器から条痕紋土器に、5800年前頃に前期の土器から中期の土器に、4300年前頃に中期の土器から後期の土器に、2800年前頃に縄紋土器から弥生土器に替わっている。工藤雄一郎はボンド・イベントに加え、中国南部のドンゲ洞窟の石筍の酸素同位体変動、鳥取県東郷池の年縞堆積物(図33)、関東平野の海水準・植生変化などのデータを参照して、後氷期の関東平野の環境史と土器型式の時間的対応関係を提示している。すなわち、「PG Warm-1：1万1,500～8,400 cal BP(表裏縄文土器群の一部、撚糸文土器群、沈線紋系土器群、条痕文系土器群(子母口式、野島式頃までか))」、「PG Warm-2a：約8,400～7,000 cal BP(条痕文系の鵜ヶ島台式、茅山下層式、茅山上層式、打越式、神之木台式、下吉井式あるいは花積下層式頃まで)」、「PG Warm-2b：約7,000～5,900 cal BP(花積下層式?)、関山式、黒浜式、諸磯a式、諸磯b式頃まで」、「PG Cold-1a：約5,900～5,300 cal BP(諸磯c式、十三菩提式、五領ヶ台1式、五領ヶ台2式、

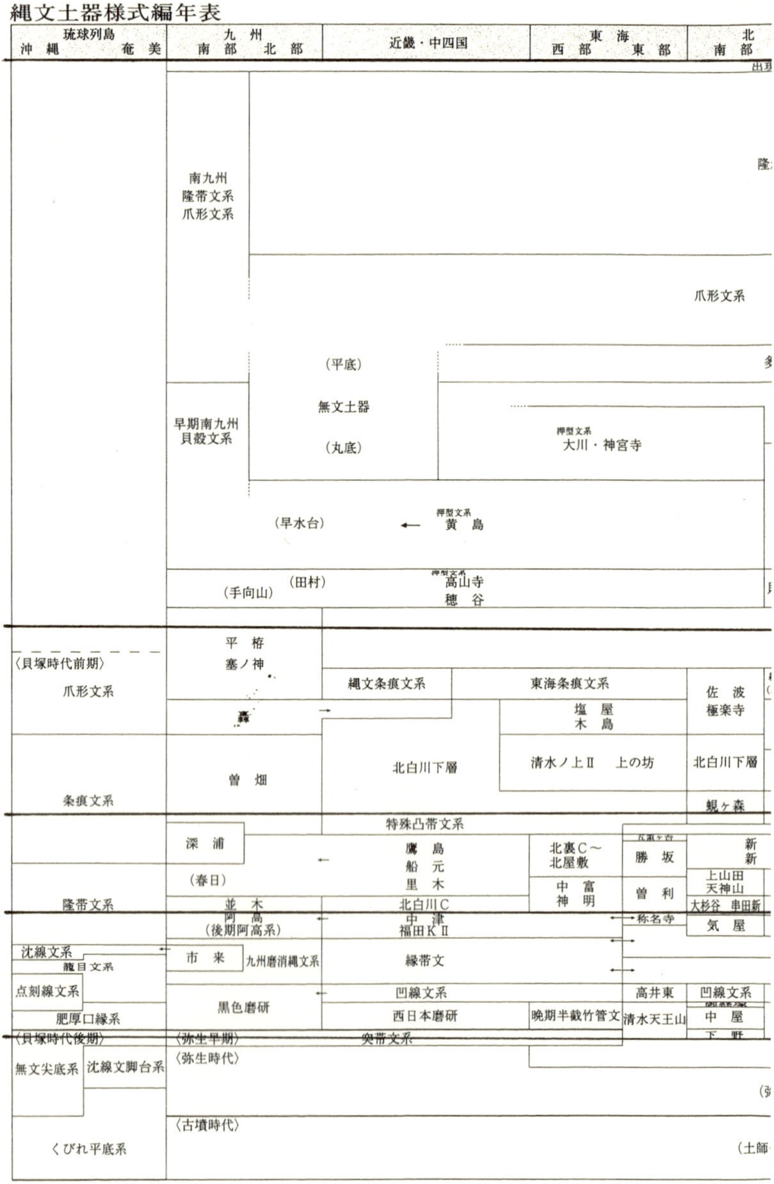

縄文土器様式編年表

図32 縄紋土器編年と完新世のボンド・イベント

琉球列島		九州		近畿・中四国	東海		北
沖縄	奄美	南部	北部		西部	東部	南部
							出〇
		南九州 隆帯文系 爪形文系					隆〇
							爪形文系
				(平底)			多
		早期南九州 貝殻文系		無文土器	押型文系 大川・神宮寺		
				(丸底)			
			(早水台)	押型文系 黄島 ←			
			(手向山)	(田村)	押型文系 高山寺 穂谷		
〈貝塚時代前期〉		平栫 塞ノ神		縄文条痕文系	東海条痕文系		佐波 極楽寺
	爪形系	轟 →			塩屋 木島		
	条痕文系	曽畑		北白川下層	清水ノ上Ⅱ 上の坊		北白川下層
							蜆ヶ森
			深浦	特殊凸帯文系			新〇 新〇
	隆帯文系	(春日)	鷹島 船元 里木	北裏C〜 北屋敷	勝坂		
		並木	北白川C	中富 神明	曽利		上山田 天神山
沈線文系			阿高 (後期阿高系)	中津 福田KⅡ		→称名寺	大杉谷 串田新
籠目文系		市来	九州磨消縄文系	縁帯文			気屋
点刻線文系							
肥厚口縁系		黒色磨研	凹線文系		高井東	凹線文系	
			西日本磨研	晩期半截竹管文		清水天王山	中屋
〈貝塚時代後期〉		〈弥生早期〉	突帯文系				下野
無文尖底系	沈線文脚台系	〈弥生時代〉					(弥
		〈古墳時代〉					
くびれ平底系							(土師

第3節　縄紋化のプロセス

陸	中 部		関 東		東 北		北海道			時期区分	年　代 (calBC)	
北部	西部	東部	西部	東部	南部	北部	道南	道央	道東・北			◀ H1
夏期土器群										草創期	13000	ハインリッヒ・イベント
起線文系											◀① 12000	
											11000	
/	円孔文系											
多縄文系											10000	
	尖底回転縄文系		撚糸文系		早期無文						9000◀②	
					押型文系 日　計							
	押型文系 沢・樋沢 細久保						貝殻沈線文系平底	テンネル・暁		早期	8000◀③	
貝殻・沈線文系	高山寺 穂谷		貝殻・沈線文系								7000	
条痕文系						条痕文系平底					6000	◀ 8.2 ka
縄文条痕文系 (絡状圧痕文系)	東海条痕文系/ (絡条体圧痕文系)		縄文条痕文系		縄文系平底		宗仁					
布目 新谷	塩木屋中島中越	塚田中道 神ノ木	羽状縄文系		表館 早稲田6類	縄文条痕文系				前期	5000	
有尾		有尾			前期大木	円筒下層	北海道押型文系				4000◀④	
	諸磯		浮島 興津									◀ 5.8 ka
保崎	十三菩提 勝坂	五領ヶ台 新巻焼町	勝坂	阿玉台	中期大木	円筒上層 →				中期	3000 ◀⑤	
火炎 沖ノ原	唐草文	郷土	曽利	連弧文 加曽利E 郷土		陸奥大木系					◀⑥	
三十稲場 (南三十稲場)		称名寺 堀之内			綱取・南境	門前(馬立) 十腰内I(入江)	北筒			後期	2000◀⑦	◀ 4.3 ka
		加曽利B			宝ヶ峯			手稲				
瘤付		高井東		安行 後期安行	瘤付		葉林 御殿山				◀⑧	
亀ヶ岡	佐野	清水天王山	天神山	晩期安行 前浦	亀ヶ岡	東三川I・上ノ国				晩期	1000◀⑨	
浮線網状文系						幣舞						◀ 2.8 ka
弥生土器)					(続縄文時代) 続縄文					縄文時代以降	B.C. A.D.	
器・須恵器)					(擦文時代)	(オホーツク)					1000	

(勝坂1式))」、「PG Cold-1b：約 5,300 〜 4,400 cal BP（(勝坂1式)、勝坂2式、勝坂3式、加曽利 E1 式、加曽利 E2 式、加曽利 E3 式、加曽利 E4 式)」、「PG Cold-2a：約 4,400 〜 4,000 cal BP(称名寺1式、称名寺2式、堀之内2式頃まで)」、「PG Cold-2b：約 4,000 〜 2,800 cal BP（堀之内2式、加曽利 B1 式、加曽利 B2 式、加曽利 B3 式、曽谷式、高井東式、安行1式、安行2式、安行 3a 式、安行 3b 式、安行 3c 式もしくは安行 3d 式頃まで）」である。工藤は気候の不安定な時期の土器型式と気候の安定した時期の土器型式に注目している。

さて、土器も文化システムを構成する一要素であるから、この土器型式の大きな変化期は文化の変化期を示唆しているはずである。ボンド・イベント、特にグローバルな変動期であったことが明らかになっている、8.2ka と 4.3ka イベントと一致する土器の細別型式を選別し、その土器型式期に文化・社会の構

菱鉄鉱は淡水条件のみ、
黄鉄鉱は海水侵入時のみに沈殿。
高海水準時期には沿岸湖沼に海水が侵入して、汽水化する。

完新世のボンド・イベント年代

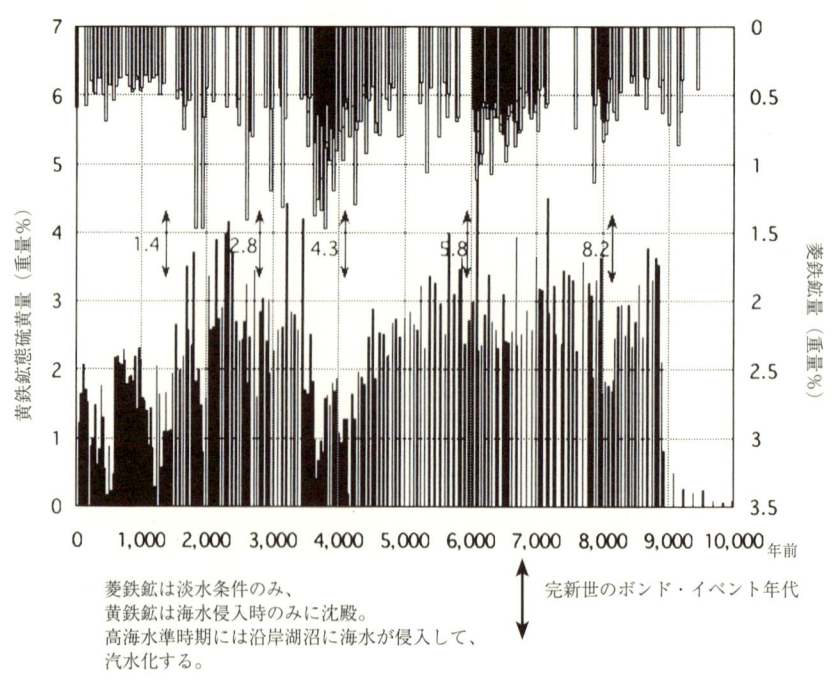

図 33　過去 9000 年間の海水準変動（鳥取県東郷池の例）

造的変化が起こっていたか、考古記録に探ることが当面の研究課題である。縄紋時代の構造変動期もグローバルな気候変動と連動していたと予想されるからである。この研究に関しては別の著書を用意したい。

2. もう一つの縄紋化

工藤雄一郎のいう「MIS2 LGM Cold-2：約 24,000 〜 15,000 cal BP」の終る頃に、関東甲信越地方以北で神子柴（系）石器群が展開した。以前には、大陸に発した「神子柴文化」が北海道から本州を経由して九州南端まで、短時間に伝播したと考えられていた。しかし、2002 年の拙論「『神子柴・長者久保文化』の大陸渡来説批判―伝播系統論から形成過程論へ―」（『物質文化』72）の発表以降、そうした論調は学界から消えている。実際、典型的な神子柴石器群は北海道にも西日本にも認められず、神子柴系と言われる石斧や石槍が散発的に見つかっている程度である。

「神子柴文化」の伝播がなかった九州においては、東北日本とは別途の縄紋化のプロセスを、「MIS2 LGM Cold-2：約 24,000 〜 15,000 cal BP」の終る頃から「PG Warm-2a：約 8,400 〜 7,000 cal BP」まで、検証する必要がある（**図34**）。なお、当該地においては桜島などの火山爆発は文化的変化の主因として、気候の変動と同程度に考慮しなければならない。

3. 南九州の旧石器時代

九州における石器群の変遷は、モデルとされてきた関東地方の石器群変遷とは大きく異なっている。宮田栄二（元鹿児島県埋蔵文化財センター）の編年によれば、九州の南東部は、①後期旧石器時代以前（0期：音明寺第 2 遺跡Ⅷ・Ⅸ層、後牟田Ⅲ b・Ⅳ層、大野遺跡群Ⅷ a・Ⅷ b 層）、②後期旧石器時代前半（Ⅰ〜Ⅲ期）、③後期旧石器時代後半（Ⅳ〜Ⅶ b 期）、④細石刃文化・細石刃石器群（Ⅷ〜Ⅹ期）に大別・細別される。

細別案には石器型式に基づく従来の発展段階論の残影が認められるので、宮

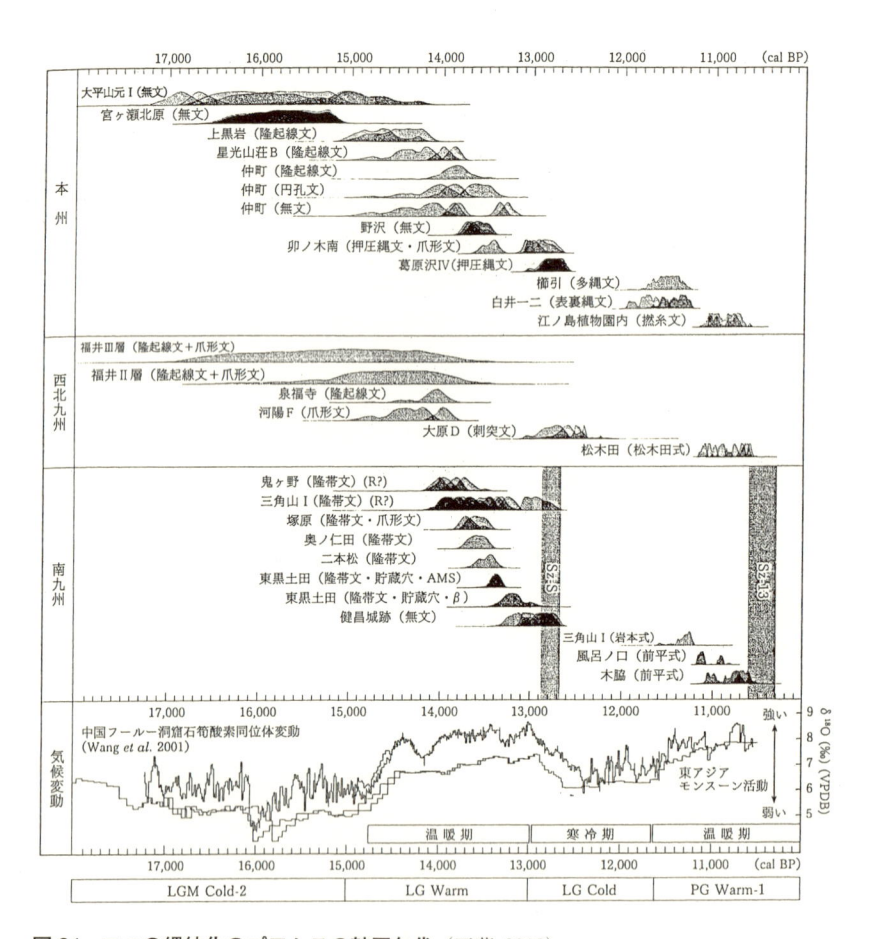

図34 二つの縄紋化のプロセスの較正年代（工藤 2012）

田案を、狩猟具と見られる個々の石器が単独で槍先として使われるのか、槍先の植刃として使われるのか、投げ矢として使われるのか（二項性・構造変動論）という視点を導入して見直してみる（66頁の記述も参照されたい）。Ⅰ期とⅡ期、Ⅴa期とⅤb期、Ⅵ期とⅦa期、Ⅶb期とⅧ期との間に石器群の大きな変化が認められる。0期とⅠ期の石器群は中期／後期移行期の特徴をもつ。Ⅱ期・Ⅲ期・Ⅳ期・Ⅴa期の石器群は台形様石器・小型ナイフ形石器を特徴とす

る。Ⅴb期・Ⅴc1・c2期・Ⅵ期の石器群は剥片尖頭器と三稜尖頭器を特徴とする。Ⅶa期とⅦb期の石器群は小型ナイフ形石器と台形石器を特徴とする。大隅半島の最北端に位置する桐木耳取遺跡で層位的に、2万9000年前の始良カルデラを形成した火山の大爆発で形成されたAT層以降の剥片尖頭器・三稜尖頭器石器群から小型ナイフ形石器・台形石器へ（さらに細石刃石器群・縄紋時代草創期・早期へ）の変遷が、多数の礫群を伴って良好な状態で検出されている。編年のモデルとされてきた関東地方においては、旧石器時代後半の後葉から縄紋時代草創期にかけて、狩猟具の主体は、石槍→細石刃→石槍（神子柴系）→有舌尖頭器→石鏃という変遷で捉えられている。しかし、九州ではそうした変遷は見られず、小型ナイフ形石器・台形石器→細石刃→石鏃という変化である（図35、図36）。九州地域独自の文化的変遷を重視する必要がある。

　さて、宮田案では細石刃石器群が細石刃核型式によって3期に分けられている。Ⅰ期は野岳・休場型、Ⅱ期が船野型、Ⅲ期が福井型を特徴とする。大分県市ノ久保遺跡で船野型細石刃核と共伴して出土した、局部磨製石斧と打製石斧は神子柴系石斧と言われている。また鹿児島県帖地遺跡でも、船野型細石刃核と共伴した石斧・石槍・土器・石鏃の5点セットは、神子柴系石器群として注目された。長崎県茶園遺跡のⅣ層からも削片系の石ヶ元細石刃核と共伴して木葉形尖頭器と石斧が出土している。言われているように神子柴系だとすると、先に言及したように今日の知見では、いずれの遺跡も東日本での石斧に基づく私の編年案の2期、すなわち隆起線紋土器段階（約1万5000～1万3000年前）ということになる。神子柴系の石器であるのか、地域独自の石器であるのか、いまだ未解決である。土器のほうから見ると、鹿児島県の横井竹ノ山遺跡の無紋土器、加治屋園遺跡の粘土紐貼付紋土器、帖地遺跡出土の土器などが隆起線紋土器以前とされている。これらは細石刃石器群に伴い、しかも石鏃を伴っている。九州北部の隆起線紋土器・爪形紋土器期にも細石刃（福井型細石刃核）が伴っている。ちなみに較正年代は、野岳・休場型の長崎県五島市の茶園遺跡第Ⅴ層が約1万8700年前、熊本県西原村河原第3遺跡第6文化層で約1万

76　第2章　更新世／完新世移行期の急激な気候変動に人類はどう対応したか

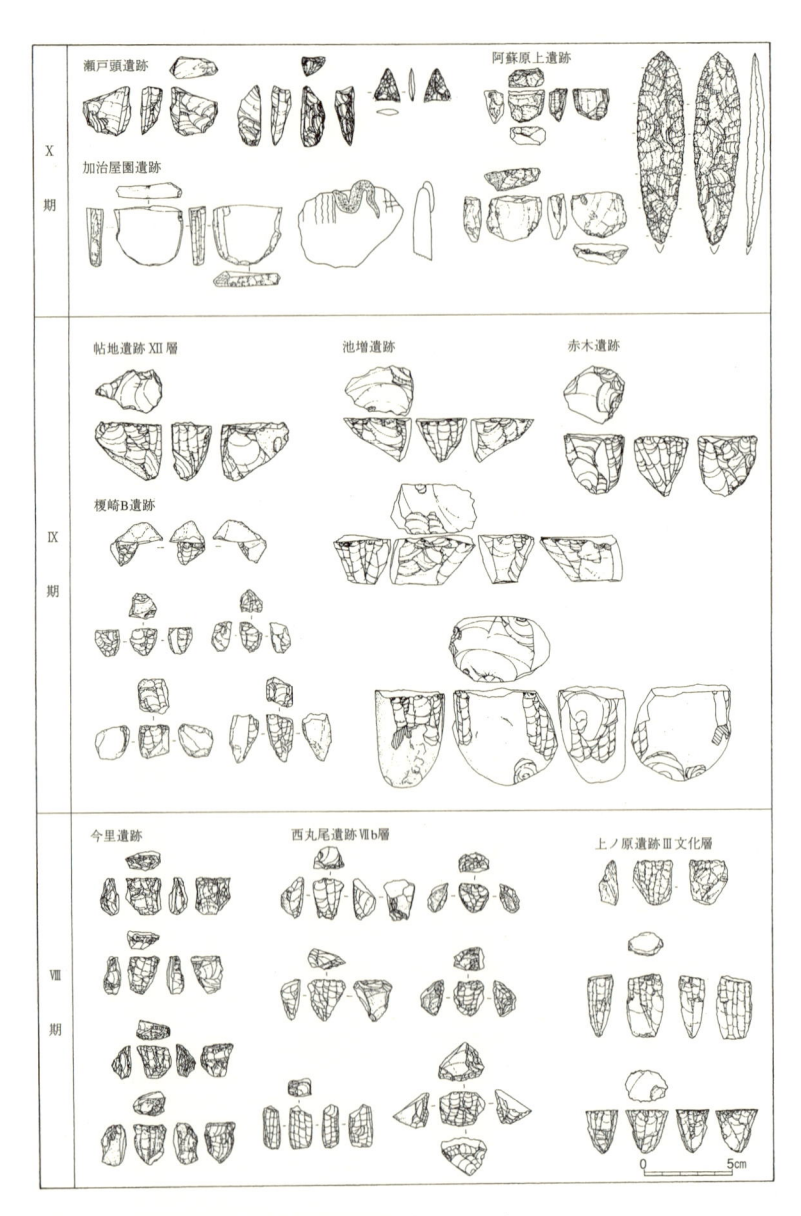

図35　九州南東部の最寒冷期の石器群（宮田 2006）

第3節 縄紋化のプロセス 77

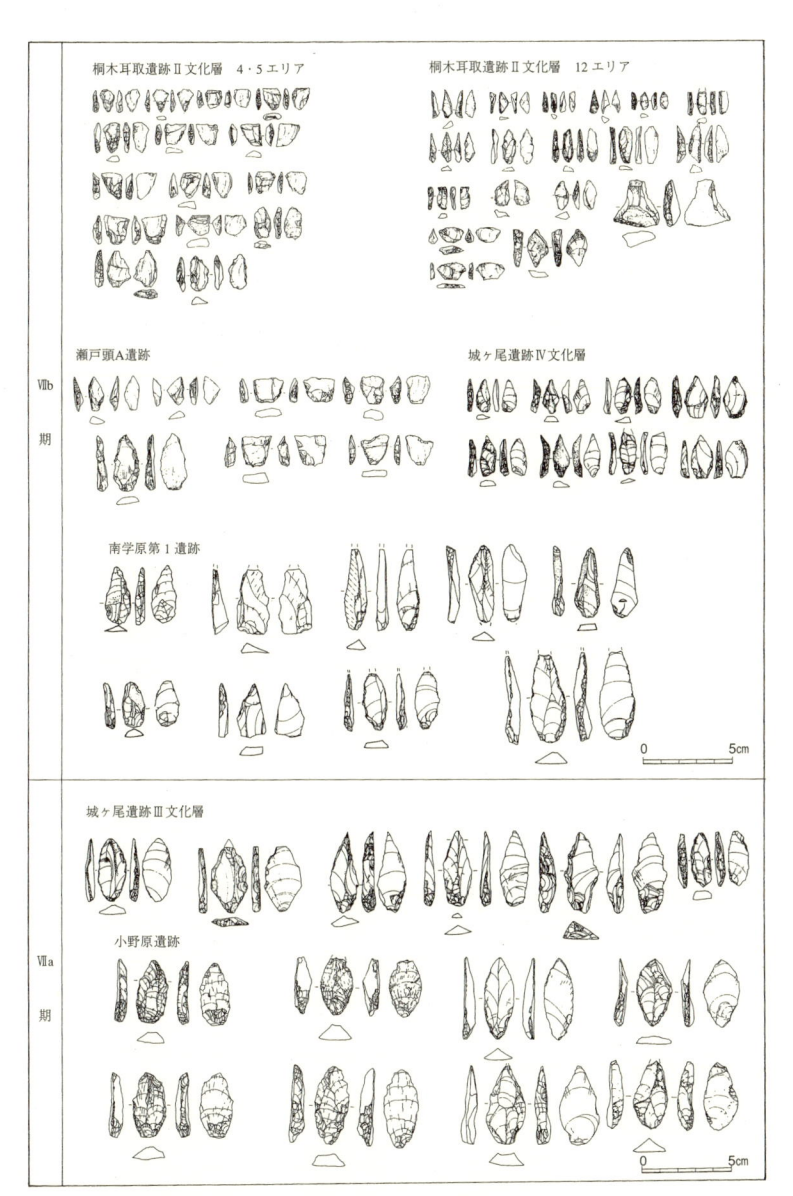

図36 九州南東部の更新世／完新世移行期の石器群（宮田2006）

7800年前である。隆起線紋土器が伴う長崎県佐世保市泉福寺洞窟で約1万4200年前、爪形紋土器が伴う熊本県南阿蘇村河陽F遺跡で約1万4400〜1万4000年前である。

4. 南九州における細石刃石器群に伴なう土器と石鏃

先に言及した帖地遺跡は薩摩半島東部のほぼ中間、喜入町にある。AT層（15層）の下の層から、台形様石器・小型ナイフ形石器群（18・17層）が検出されている。さらに剥片尖頭器（14層）、三稜尖頭器〜細石刃石器（13層）と続き、問題の遺物は薩摩火山灰層（11層：約1万2800年前）の下の層（12層）から出た。12層は地域色の強い船野型細石刃核を特徴とする細石刃石器群が主体である。1A区、1B区、2A区に分かれ、1B区の北東隅で石鏃1点、南西隅で局部磨製石斧1点が検出された。両者は20m近く離れている。石鏃から4〜5m離れて薄い土器片3点、石斧から3〜4m離れて同じく土器片3点が出ている。また2A区の南西隅で木葉形尖頭器（石槍）1点、南東隅で土器片1点が検出された。土器片は表層からの混入の可能性が指摘されている。石鏃と石槍は100m以上離れている。調査時、細石刃、石鏃、石槍、局部磨製石斧、土器の5点セットが、「神子柴文化」の伝播説の補強資料として注目を集めた。しかし、石槍も石斧も型式学的に神子柴系と断定し難い。

同じく先に言及した桐木耳取遺跡でも、薩摩火山灰層（IX層）の下のX層・XI層・XII層の出土遺物は明確な層位的な分離が困難であったため、一括して「第III文化層石器群」として報告されている。図化された隆帯紋土器片69点はX層出土である。細石刃石器群を主体とする石器の中に多くの石鏃が混じり、磨製石斧の刃部と斧形の礫石器とが出ている。

鹿児島市の横井竹ノ山遺跡では、薩摩火山灰層の下から剥片尖頭器を特徴とする石器群（「狸谷型ナイフ形石器」も伴出）と、細石刃石器群が出ている。細石刃石器群は打面を側方から連続する剥離により形成する福井型細石刃核を特徴とする。石鏃30点、土器片15点（図化5点、他は粒状）、磨製石斧の刃

部破片 1 点、砥石 1 点、敲石 3 点が、平面分布・垂直分布で分離できない状態で伴出した。九州北部の隆起線紋土器期にあたる。石鏃は三角形の凹基無茎を主として、作りが丁寧である。薩摩火山灰層の上からは、早期の包含層が削平されていたため、道跡と見られる遺構と前平式土器などの早期の土器片が確認されただけである。

同じく鹿児島市の加治屋園遺跡では、福井型が簡略化された「加治屋園型細石刃核 B 類」に伴なって、114 点の土器片が出ているが、石鏃は未検出である。他方、近くの加栗山遺跡では石鏃 13 点が出ているが、土器は未検出である。吹上町塚ノ越遺跡からも土器片 34 点と石鏃 7 点が出ている。横井竹ノ山遺跡の近く、その北に位置する伊集院町の瀬戸頭遺跡は北から A、B、C の発掘調査区に分かれ、薩摩火山灰層の下からは、A 遺跡では台形様石器群、台形様石器・小型ナイフ形石器群、野岳・休場型細石刃核など古手の細石刃石器群と続き、薩摩火山灰層の直下から草創期の礫群 1 基と、丸ノミ型石斧 1 点、石鏃がまばらに 11 点、敲石 1 点とともに、土器片が出ている。風化が激しく、確実に土器と判断できたのは 1 点だけであるが、隆帯紋土器期であろう。早期の層からは土坑 7 基、ピット 3 基、集石 3 基と、塞ノ神式土器を中心に、石坂式土器、押型紋土器、平栫式土器など早期後半の土器が出ている。

5. 隆帯紋土器期

1986 年に発掘調査された加世田市の栫ノ原遺跡では、薩摩火山灰層(第 V b 層)の下の層(第 VI 層)の上半部から、燻製作りの施設と見なされる連穴土坑(煙道付き炉穴)8 基(発掘で確認したものは 1 基)、舟形 2 基を含む配石炉 4 基、調理施設と見なされる集石 22 基などの遺構に伴い、2000 点を超える隆帯紋土器片と、石鏃 9 点、特徴的な丸ノミ形石斧(小田静夫は「神子柴型石斧」と区別して「栫ノ原型石斧」と呼び、丸木舟製作工具と見る)を含む磨製石斧 15 点・局部磨製石斧 1 点・打製石斧 3 点・扁平打製石斧 29 点、磨石・敲石・凹石類 15 点、石皿 8 点、砥石 3 点、背部二次加工素刃石器(宮田栄二は「鎌

形剥片石器」と呼び、植物性食料に関連する石器と見る）28点などの石器類が多数出た。花粉分析によってコナラ属コナラ節（カシワ・コナラ・ナラガシワ・ミズナラ）の落葉広葉樹樹が遺跡周辺に生育していたと想定された。なお、この遺跡では薩摩火山灰層（第Ⅴb層）とアカホヤ火山灰層（第Ⅲb層）の間、第Ⅳ層から加栗山式土器を主体に早期の土器（Ⅰ類〜Ⅹ類）とそれに伴う石器類、そして上半部を中心に集石32基が検出された。

　こうした旧石器時代から縄紋時代へ移る時期の新出の考古学的資料がもつ意味がはっきりしたのは、1990〜91年に行われた鹿児島市掃除山遺跡の発掘調査であった。薩摩半島の中央部に南北に走る山地から東に延びる支脈の先端、標高80m弱の平坦部をもつ掃除山に遺跡はある。平坦部の南側斜面最上部で長径4.6mと5.5mの楕円形の住居跡2軒と、その住居間に連穴土坑1基、平坦部から斜面へかけて東西に並んで舟形配石炉3基、それらの南側の傾斜面上に円形配石炉2基、北側に配石2基、その他に集石2基、土坑3基（1号土坑内には焼礫を含む多数の礫）、ピット2基が検出された**（図37）**。位置や切り合い関係から、すべてが同一時期とは言えず、この集落の居住期間に幅があったようである。発掘調査に参加した雨宮瑞生（当時筑波大学大学院生）は、温帯森林の初期定住という概念枠で、夏季については不明だが、冬季の季節風を避けた立地の居住地であった、と解釈している。

　1996〜97年に加世田市志風頭遺跡の発掘調査が行われた。遺跡は市の西部に位置する長屋山から東側に下った舌状に広がる標高約60mの広大なシラス台地上にある。農道整備のための限られた面積（300㎡）であったが、連穴土坑2基、集石3基、土坑2期、槌石の集積場などが検出された。連穴土坑の煙道内から出土した167点の破片から初めて隆帯紋土器の全体の形（「外傾して立ち上がる口縁部がほぼ直行して胴部へつながり、強く「く」の字に屈曲して底部へとつながる器形」）が復元された。口縁部径42cm（推定）、胴部径32cm、器高26.5cm（推定）となり、草創期の土器の中では際立って大きい。1万3700年前前後の古さである。なお、早期の包含層からも集石8基と早期

第 3 節 縄紋化のプロセス

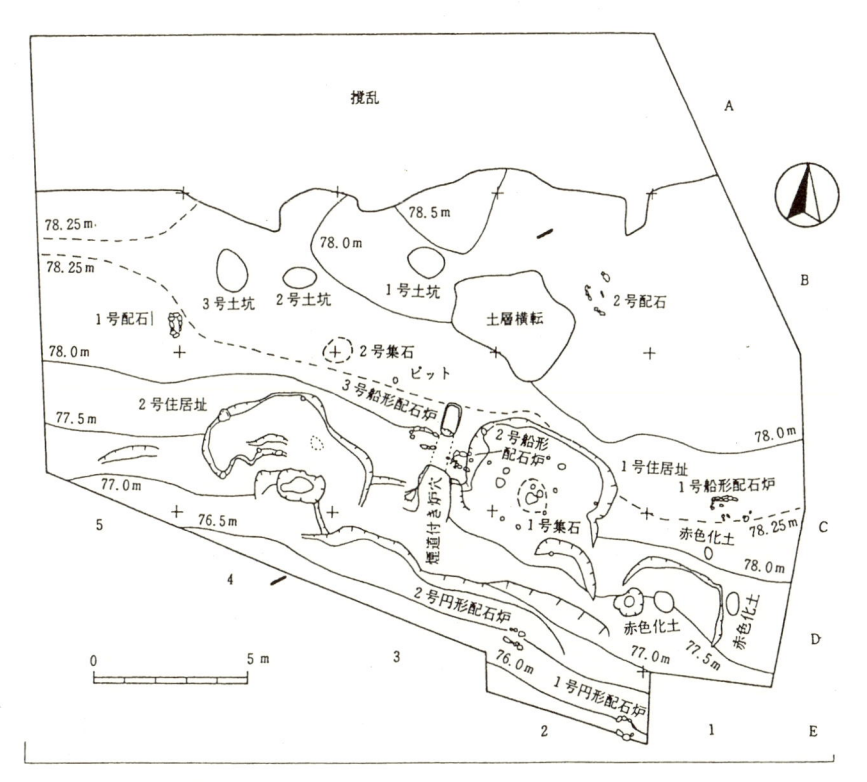

図 37　鹿児島市掃除山遺跡の遺構配置（報告書）

前葉の土器片が出ている。

6. 種子島の遺跡

　氷期の最寒冷期には海水準が 100 〜 130m 低かったので、大隅半島の最南端である佐多岬の東南海上約 54km に位置する種子島とその西側の屋久島は九州本島と地続きであった。急激な温暖化に伴う海面上昇の結果、今日の地形となったのである。

　農道整備事業のため、西之表市奥ノ仁田遺跡が 1992・93 年に発掘調査され、「南九州文化圏」に属することが明らかになった。遺跡は西之表市の東南部、

中種子町との境に近く、太平洋に臨む標高約 133 m の台地上にある。土手状に残された道路部分が調査対象で、1000 ㎡という狭い調査面積にもかかわらず、集石 19 基、配石遺構 2 基、土坑 1 基が検出され、出土遺物としては、隆帯上に貝殻腹縁による施紋や指頭圧痕などが見られる、深鉢形と浅鉢形の隆帯紋土器の破片が約 1500 点出た。草創期の既知の遺跡に比べ、土器の出土量が圧倒的に多かった。石器では、石鏃 5 点（磨製石鏃 1 点を含む）に対し、石皿 14 点、磨石・敲石・凹石類 242 点で、植物性食料の調理加工具が多く出土している。背部二次加工素刃石器が 2 点出ている。石斧も 10 点出ている。しかし両脇の畑地は削平されてしまって遺跡の全容は知りようがなかった。1 万 3600 年前前後の古さである。

　新種子島空港建設に伴って、1995 ～ 2002 年に発掘調査が行われた中種子町三角山 I 遺跡からは、隆帯紋土器がさらに大量に出て注目を浴びた。総数約 4000 点の破片が出ており、完形品 6 点、底部のみを欠く復元品 6 点が得られている。底部も丸底、丸平底、平丸底、平底、上げ底と多彩である（**図 38**）。円形の竪穴住居 2 軒、集石（礫群）8 基、土坑 2 基が検出されている。他に焼土域 1 箇所と石器製作所数箇所が確認されている。1 号竪穴住居跡は長径 2.48m、短径 2.40m、検出面からの深さ 24cm で、炭化材と床面検出土器付着炭化物の放射性炭素年代測定値の違いから、この住居は少なくとも 2 期にわたって住まわれたと考えられている。ちなみに前者は 1 万 3500 年前前後の古さである。出土した 4 点の石鏃はいずれも島外の桑ノ木水流系産の黒曜石製である。2 号竪穴住居跡はやや大きく、長径 3.36m、短径 3.28m、検出面からの深さ 28cm である。石器では石鏃 44 点（磨製石鏃 5 点）、磨製石斧 3 点、磨石・敲石類 50 点、石皿 8 点などが出ている。なお、早期の包含層から集石 40 基と土坑 1 基、石坂式土器 1 個体分が集中して出ている土器片集中場 1 箇所と石器製作跡が多数確認されている。石坂式土器は種子島では初出で、岩本式土器と前平式土器の破片が少し出ているほかは、早期後葉の土器類がもっぱらである。気候が悪化した時期に九州本島から集団が移住してきたように見えるが、種子

島の草創期〜早期の土器の出土状況が気候の変動（海水準の高低）と関連しているのか、重要な検証課題となっている。

さらに 2001 年に実施された鬼ヶ野遺跡の発掘調査によって新しい知見が得られた。遺跡は西之表市の東南海岸部、奥ノ仁田遺跡の北 3km 余のところにある。竪穴住居 1 軒、竪穴状遺構 4 基、集石 4 基、配石遺構 5 基、土坑 6 基が検出された。竪穴住居跡は長径 2.29m、短径 2.22m、検出面からの深さ 27cm で、周辺の 6 箇所のピットが柱穴と見なされた。覆土から炭化物、剥片類・楔形石器 109 点、礫 18 点、土器片 27 点、軽石 2 点、磨石 1 点、石核 1 点が出ている (**図 39**)。竪穴状遺構とされたものも同様の遺構であるが、ピット（柱穴）が検出されていないことなど、多少の違和感で竪穴住居であると決めかねたようである。注目されるのは 3.2 × 2.8m の範囲に、土器片 143 点、礫 134 点、石鏃 6 点、石斧 3 点、砥石 4 点が集中して出土した地域である (**図 40**)。B-2 区の遺構群（1 号住居跡・1 号竪穴状遺構・1 〜 3 号土坑）と、B-4 区の遺構群（2 〜 4 号竪穴状遺構・4 〜 6 号土坑）との間の、後者に近い空間（B-3 区）で検出された。遺構が確認できなかったということで、この集落のゴミ捨て場だった可能性が高い。この遺跡からも総数 1 万 4352 点の隆帯紋土器の破片が回収されているが、南側の未調査区域に土器片の分布が続くようである。石器では石鏃の多さが目につく。石鏃 311 点、石鏃未製品 56 点、磨製石鏃 5 点である。石斧類も丸ノミ形石斧 13 点を含めて 50 点以上出ている。丸ノミ形石斧の多さを目にすると、南方からの渡来説は別にして、小田静夫の丸木舟製作用具説に加担したくなる。言うまでもなく、急激な温暖化に伴う海面上昇と、九州本島からの離別を念頭においてのことである。磨石・敲石類 51 点、台石・石皿類 24 点が図示されているが、出土量は多く、約 1 割の図示・掲載だという。石器類からみると、動物性食料と植物性食料とのどちらかに偏ることなく、バランスのいい摂食だったようである。ちなみに、放射性炭素年代の較正年代が三角山 I 遺跡や奥ノ仁田遺跡よりも古く出ているが、リザーバー効果のせいかもしれないと言われている (**図 34** 参照)。

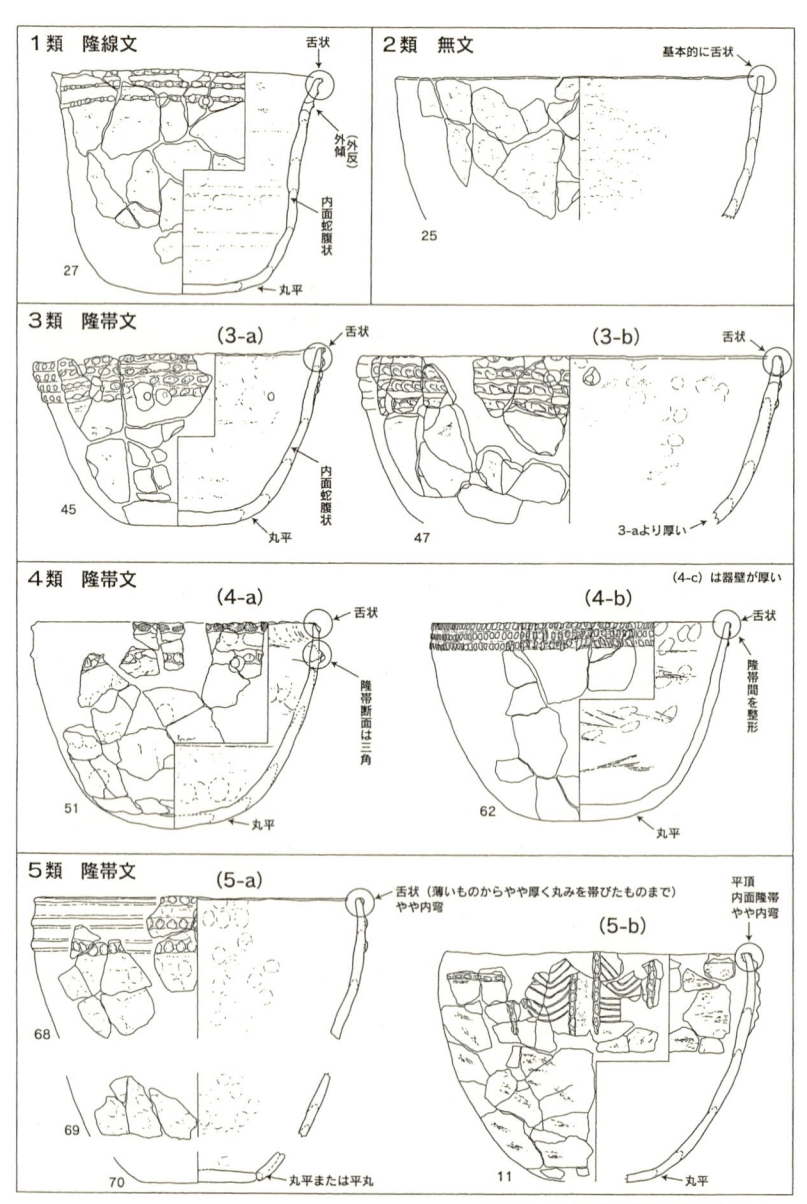

図38 鹿児島県種子島三角山Ⅰ

第3節 縄紋化のプロセス　85

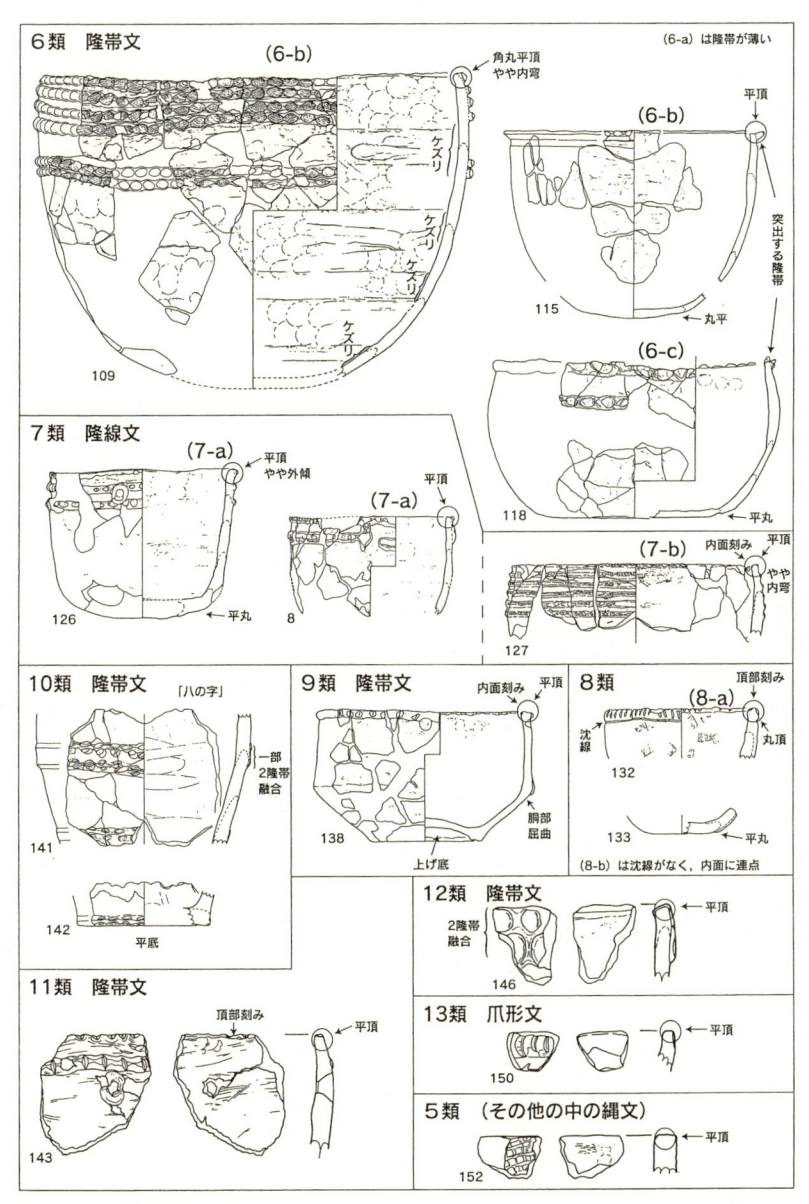

遺跡出土の隆帯紋土器（報告書）

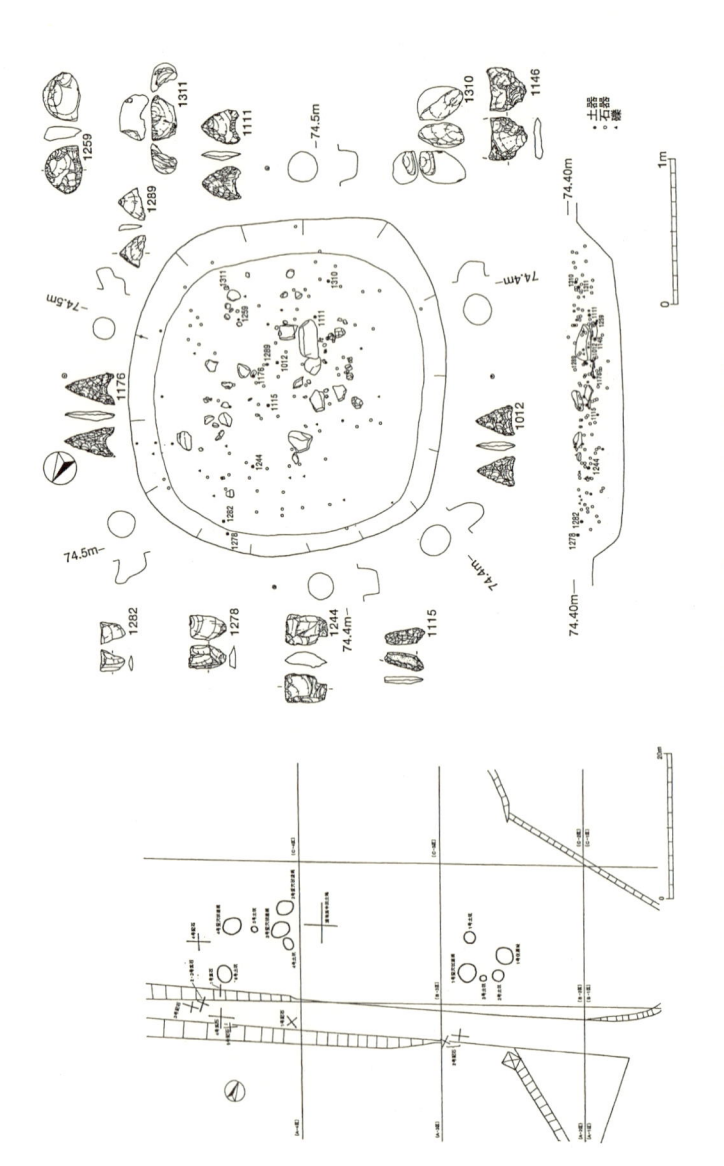

86　第 2 章　更新世／完新世移行期の急激な気候変動に人類はどう対応したか

図 39　鹿児島県種子島鬼ヶ野遺跡の遺構配置と 1 号竪穴住居跡（報告書）

第3節　縄紋化のプロセス　87

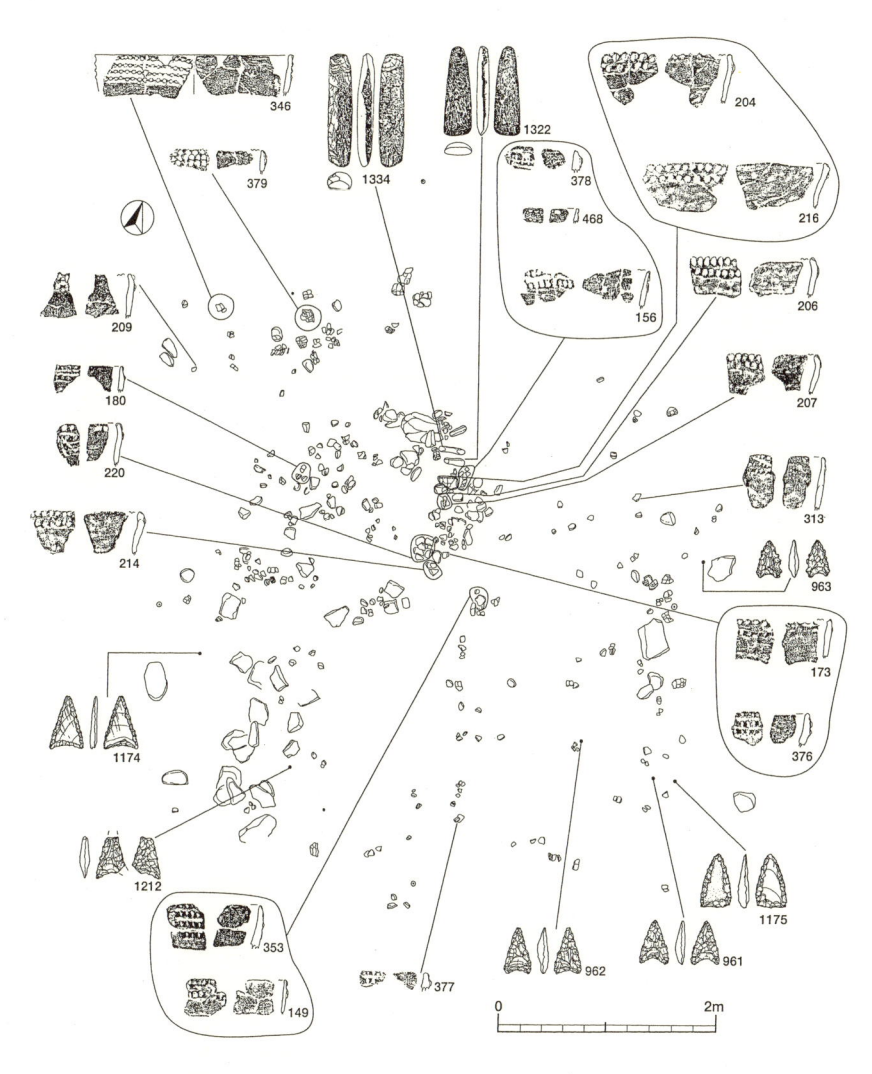

図40　鹿児島県種子島鬼ヶ野遺跡出土の廃棄場（報告書）

7. 早期の定住集落

南九州では、薩摩火山灰層（桜島 P14：約 1 万 2800 年前）が草創期と早期を画する鍵層、そして鬼界アカホヤ層（約 7300 年前）が早期と前期を画する鍵層とされてきた。この二つの鍵層の間に「桜島 P13」や「桜島 P11」など、いくつかの局地的な火山灰層があり、土器型式との関係が探られている。

桜島の大爆発とそれに続く寒冷期（新ドリアス期）の影響は大きかったものの、隆帯紋土器から水迫式土器、岩本式土器と、細々とではあるが土器型式の系統が続いて見られる。気候・環境が回復するに伴い、平底の貝殻紋円筒土器群が出現し、各地に定住集落が営まれるようになった。土器型式で見れば、前平式土器→志風頭式土器→加栗山式土器→小牧 3A 段階→吉田式土器→園倉 B 式土器→石坂式土器→下剥峰式土器→桑ノ丸式土器→押型紋系土器類→妙見式・天道ヶ尾式土器→平栫式土器→塞ノ神式土器→苦浜式（アカホヤ火山灰層直下の土器）という展開が見られる。一般に急激な温暖化が進んだと見られてきた早期にあって、8000 年前頃の 400 年間、急激な寒冷化が世界的に起こっていたことがわかった。「8.2ka イベント」と呼ばれている。この気候変動に関連して、コナラ属コナラ節の落葉広葉樹（カシワ・コナラ・ナラガシワ・ミズナラ）や照葉樹の堅果類など植物性食料の収穫量が、複数世帯を通年、しかも長期にわたって維持できた時期（多数の竪穴住居跡をもつ集落遺跡）から、収穫量が 1〜2 世帯しか維持できなかった時期（1〜2 軒の竪穴住居跡の分散居住遺跡）、居住地を移しながら季節的にいろいろな食料を利用する必要のあった時期（集石遺構や土器は分布するが、竪穴住居は未検出の移動的居住遺跡）へ、といった居住形態の時期的な変化が認められる **(表 3)**。

先に言及した桐木耳取遺跡では、薩摩火山灰層（Ⅸ層）とアカホヤ火山灰層（Ⅵa層）の間（Ⅷ層、Ⅶ層、Ⅵb層）が早期の包含層で、Ⅶ層とⅥb層の間に P-11 テフラの良好な堆積が見られる。第 1〜15 群に分類された出土土器は、既知の早期の土器型式がほぼ出そろっているが、遺構についてはⅧ層からは桐木遺跡で竪穴住居 4 軒、集石遺構 34 基、落し穴状遺構 2 基と土坑 30 基が、耳

第3節　縄紋化のプロセス　89

表3　南九州縄紋時代早期前半の集落遺跡竪穴住居数

遺跡名	県名	市町名	遺構名	検出数	有効遺構数	平均面積	最大	最小
定塚	鹿児島	曽於	竪穴住居状遺構	97	83	5.34	17.52	2.45
建昌城跡	鹿児島	姶良	竪穴状遺構	67	33	4.96	11.17	1.33
前原	鹿児島	鹿児島	竪穴住居跡	25	24	6.01	10.69	2.22
加栗山	鹿児島	鹿児島	竪穴住居址	16	14	8.47	13.69	2.94
益畑	鹿児島	鹿屋	竪穴住居跡	2	2	13.04	13.98	12.1
上野原	鹿児島	霧島	竪穴住居跡	52	47	7.3	13.62	2.95
丸岡A	鹿児島	志布志	竪穴状遺構	1	1	3.92	3.92	3.92
弓場ケ尾	鹿児島	志布志	竪穴状遺構	2	2	7.97	10.22	5.72
倉園B	鹿児島	志布志	竪穴状遺構	4	3	10.62	12.72	9.47
夏井土光	鹿児島	志布志	竪穴状遺構	4	3	16.85	20.94	12.75
桐木	鹿児島	曽於	竪穴住居跡	4	4	4.46	5.94	3.8
建山	鹿児島	曽於	竪穴住居跡	4	4	5.81	8.5	3.4
地蔵免	鹿児島	曽於	竪穴住居跡	1	1	6.28	6.28	6.28
永迫平	鹿児島	日置	竪穴住居跡	9	9	6.75	10.61	4.76
大中原	鹿児島	南大隅	竪穴住居状遺構	4	4	6.35	8.03	4.29
鷹爪野	鹿児島	南九州	竪穴状遺構	8	4	7.46	10.03	5.58
栫ノ原	鹿児島	南さつま	竪穴状遺構	1	1	7.77	7.77	7.77
札ノ元	宮崎	宮崎	竪穴住居跡	2	2	5.55	6.02	5.09
又五郎	宮崎	宮崎	竪穴住居跡	3	3	6.51	6.96	5.61
留ケ宇都	宮崎	串間	竪穴(土坑)	1	1	11.02	11.02	11.02
鴨目原	宮崎	西都	竪穴住居跡	1	1	4.79	4.79	4.79

＊面積は㎡

取遺跡で集石遺構10基、落し穴状遺構1基と土坑7基が検出された。Ⅶ層からは桐木遺跡で竪穴住居1軒、集石遺構68基、落し穴状遺構1基が、耳取遺跡で配石遺構1基、集石遺構86基と土坑3基が検出された。特に耳取遺跡の3〜6区にかけては集石遺構が集中し、足の踏み場もないくらい散石が広がっていた。Ⅵb層からは桐木遺跡で集石遺構13基と土坑1基が、耳取遺跡で集石遺構が11基検出された。

8. 建昌城跡遺跡

　鹿児島湾奥の姶良町にある。沖積低地に伸びる山塊の南端に位置する。薩摩火山灰層（第Ⅷ層）の下の第Ⅸ層から、土器片は型式判定が困難であるが、隆帯紋土器期（約1万3800〜1万2700年前）の竪穴住居8軒、連穴土坑3基を含む炉状遺構8基、土坑105基が検出された。竪穴住居は長径が4m〜2mほどの円形・楕円形で、周辺に複数の小土坑を伴う。この住居形態は早期にも継

続する。石鏃68点に対し、磨石18点・石皿7点である。

　隆帯紋土器期の集落を壊滅状態におい込んだ桜島火山の大爆発ののち、生態系の回復にともなって縄紋人が回帰してきた。上の第Ⅶ・Ⅵ層（約1万1000～1万年前）からは竪穴住居跡67軒、連穴土坑18基を含む炉状遺構24基、集石遺構46基、土坑233基が検出された。竪穴住居・炉状遺構・土坑の集中域が環状にめぐり、その中央の空間に集積遺構が集中する**(図41)**。住居は2㎡強から10㎡程度の方形のものや、20～30㎡程度の円形のものがあり、相互に重複が著しい。加栗山式土器が出土土器の7割を占めて割合が極端に高い

図41　鹿児島県建昌城跡遺跡第Ⅵ・Ⅶ層検出遺構の配置（報告書）

こと、ついで志風頭式土器が約2割と多いこと、遺構内出土の土器片から判断して、志風頭式土器期ころに居住が始まり、主として加栗山式土器期に形成された集落と考えられる。先行時期の土器では水迫式土器片が1片、岩本式土器が2個体分3片、前平式土器が9片、また後続時期の土器では吉田式土器が5個体分27片、石坂式土器が29個体分226片、下剥峰式土器が8個体分64片、桑ノ丸式土器が20個体分108片、宮崎県に分布の中心がある中野式土器が3個体分40片、押型紋土器が8個体分62片、平栫式土器が5個体分出ている。集落が放棄された後にも、時折り、集団が回帰していたことを示唆している。石鏃が93点出ているが、第Ⅶ層下部で4点、第Ⅶ層上部で8点、第Ⅵ層から60点と新しい時期に集中している。

　第Ⅴ層が米丸マール噴出物堆積層（約8100年前）で、8.2kaイベントのころにあたる。その上の層の第Ⅳ層が塞ノ神式土器の新しい時期に相当する。そして第Ⅲ層が約7300年前のアカホヤ火山灰層である。

9. 加栗山遺跡

　鹿児島市街地の北西約7km、標高174mの舌状台地上にある加栗山遺跡は、鹿児島県で最初に確認された早期の集落跡である。竪穴住居17軒、連穴土坑33基（9基が住居跡と重複）、集石遺構16基、土坑44基が検出された（**図42**）。隅丸方形の住居は13～14㎡ほどの大きさで、全般に小型である。11区を挟んで、その北側に前葉の土器類（前平式～吉田式）が、南側に中葉の土器類（主に石坂式）が分布することから、土地利用に違いがあったものと考えられる。他の加栗山式土器期の住居跡から離れた場所の14号住居跡は、石坂式土器期のものである。土坑も11区以南には分布していない。石鏃26点・石匙7点に対し、磨石41点・石皿16点と、植物性食料の比重が相対的に高かったことを示唆している。

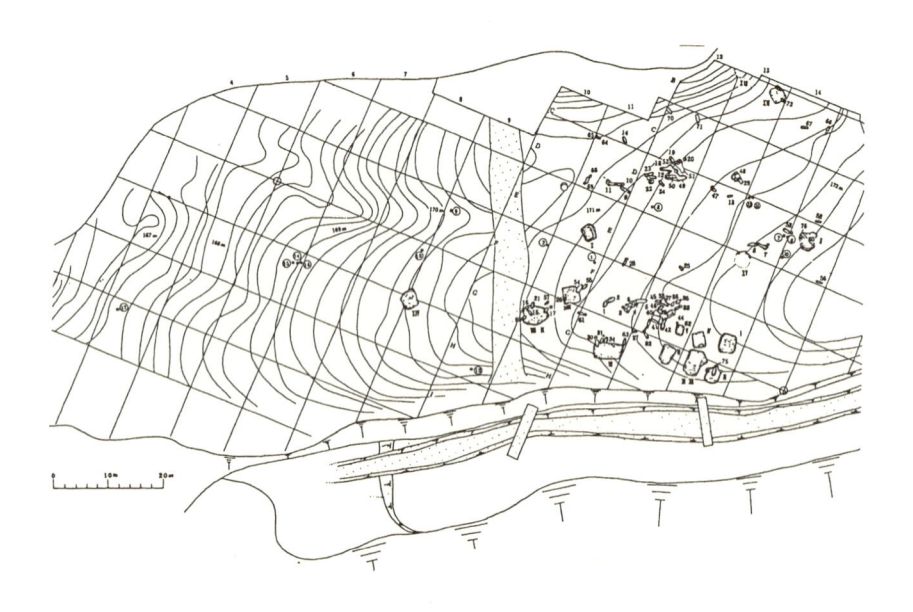

92　第2章　更新世／完新世移行期の急激な気候変動に人類はどう対応したか

図42　鹿児島県加栗山遺跡検出遺構の配置（報告書）

10.　永迫平遺跡

　薩摩半島のほぼ中央にある伊集院町、標高約 150m の台地上に位置する。小型の矩形で、周囲に 18 〜 43 個のピット（柱穴か）を伴う竪穴住居 9 軒、連穴土坑 3 基、集石遺構 18 基、土坑 392 基、道跡 3 本が検出された **(図 43)**。その他に「方形土坑」として竪穴住居跡に形状が似た大型土坑が 95 基報告されている。内部にさらに土坑やピットをもつものが多く、作りかけの住居跡あるいは畑跡が想定されたが、決め手に欠け、何かはわからない。加栗山式土器期とされている。早期中葉の土器片や後葉の塞ノ神式土器も出ているので、中・後葉にも人が回遊してきていたようである。

　大型（35 × 27cm）で作りのよい石皿や、相当長い期間使用されたことをうかがわせる石皿がある一方で、石鏃はわずか 4 点に過ぎない。

第3節 縄紋化のプロセス 93

図43 鹿児島県永迫平遺跡検出遺構の配置（報告書）

11. 前原遺跡

　薩摩半島のほぼ中央にある鹿児島市福山町、標高約180mの舌状を呈するシラス台地の先端部近くに位置する。調査区は東から西へA、B、Cの3区に分けられている（**図44**）。前平式土器期にC地区が利用され始める。志風頭式土器期になってB地区に集落が形成された。加栗山式土器期になるとB地区だけでなく、A地区にも居住区が展開した。A地区は次の小牧3Aタイプ土器期か

ら石坂式土器(この地区の主体的土器)期まで継続して利用されていた。

C地区では1.98×1.64mの方形の竪穴住居1軒、集石遺構2基、土坑87基が検出された。多く出ている前平式土器か小牧3Aタイプ土器の時期の住居かと思われる。石鏃52点、磨製石槍1点に対し、石皿は7点に過ぎない。

B地区では竪穴住居12軒、連穴土坑6基、集石遺構3基、土坑81基、道跡2本が検出された。竪穴住居はA地区のものと同様のものだが、より新しい時期(志風頭式・加栗山式土器期)の集落である。石鏃43点、磨製石鏃10点、石槍3点が出ているが、注目するべきは石皿の数で、133点にのぼる。

A地区では2列に並んで3～12㎡の小型の竪穴住居12軒、連穴土坑5基、集石遺構10基、土坑136基が検出された。遺構内出土の土器はわずかで時期決定が難しいが、遺跡出土の土器量から見て、早期前葉が主体と思われる。下剥峰式・中原式・押型紋・平栫式土器が1個体から数個体分出ていて、集落が放棄された後も断続的な回遊が

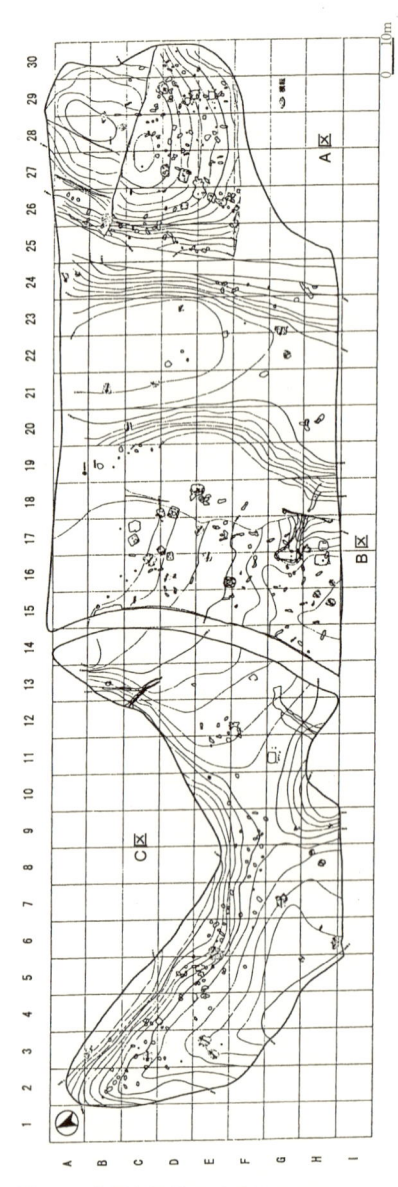

図44 鹿児島県前原遺跡検出遺構の配置(報告書)

あったことが分かる。石鏃29点に対し、石皿は大型品を含め10点出ている。

12. 定塚遺跡

宮崎県境に近い大隈町、標高約220mの台地上に立地する。竪穴住居97軒、連穴土坑15基、集石遺構54基、土坑257基、道跡2本が検出された（図45、図46）。早期前葉の集落遺跡である。土器は前平式土器から塞ノ神式土器までの各型式が出ているが、主体は前平式土器と吉田式土器である。

竪穴住居は明らかに吉田式土器期と見なせる19号や22号を除くと、多くが前平式土器期に属し、半数が2軒以上が重複した状況である。中には8軒が重複したとみられる集中地域があり、繰り返し住んだことがわかる。検出面積が最大で17.52㎡、最小で2.45㎡、平均が5.34㎡と全体的に小型である。19号住居の南西隅の床面近くに横倒しになった状態で吉田式土器の完形品と、土器に寄り添うような状態で石皿の完形品（26.0×23.5×10.5cm、8.5kg）が伴出していて注目される。

石器では一部に植物の刈り取り具（石包丁）が想定される削器79点、磨石類77点、石皿6点に対し、石鏃が92点あるが、下層（Ⅷ層）の16点より上

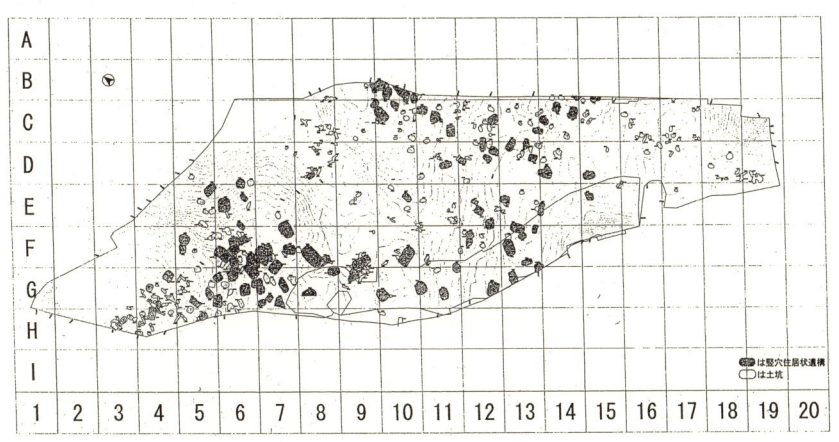

図45　鹿児島県定塚遺跡検出遺構の配置（報告書）

図46 定塚遺跡出土の遺物・連穴土坑・集石 （文化庁 2011）

層（Ⅶ層）で76点と多い。動物解体に関連する道具と見なされる石匙が2点だけというのも、この集落が植物性食料に依存した定住地であったことを示唆している。土器の混和材で見てみると、在地で手に入れにくい雲母・正長石を多く含む胎土の割合が、前平式土器で6%であるのに対し、吉田式土器では24.5%と高くなっている。

第3節　縄紋化のプロセス　97

13. 上野原遺跡

　8.2kaイベントを境に、居住形態が大きく変化したことを明瞭に示しているのが上野原遺跡である。遺跡は鹿児島湾奥の国分市の南東側、標高約250mの台地上にあり、鹿児島湾と国分平野が眼下に眺望できる。P13火山灰降下（約1万600年前）にからむ竪穴住居群と、早期後葉の遺構群とが発掘区を異にして出土した。すなわち、第2・3地点からは竪穴住居52軒、連穴土坑16基（多くが竪穴住居をきっている）、集石遺構100基、土坑170基と土坑群2箇所、道跡2本が確認された。住居跡の埋土の検討や出土土器の分析などから、P13火山灰降下以前13軒、降下時6軒、降下直後7軒、それ以降の時期26軒に分けられ、降下時に廃棄された住居跡6軒を同時併存する住居として、この集落では都合8回程度の建て直しが行われた**（図47）**、と調査を担当した黒川忠広（鹿児島県埋蔵文化財センター）は解釈している。出土土器では前葉の加栗山式土器と小牧3Aタイプ土器が量的に最も多く、竪穴住居跡の多くはこの型式の土器が混入していた。次いで多いのが中葉の桑ノ丸式土器や押型紋土器である。前葉の土器のピークがⅦ層以下の層、中・後葉の土器はⅥ層中から出ている。Ⅶ層以下の石器では石鏃17点に対し、磨石類182点（特に方形で6面体を呈するものが14点）・石皿119点（面取りを施したものが14点）と、狩猟活動が低調な一方で、植物性食料に依存していたことを示唆している。

　他方、第4地点では、桑ノ丸式土器と押型紋土器が主体で、集石遺構が32基検出されている。石鏃が19点に対し、磨石99点・石皿35点であるが、方形で6面態を呈する磨石や面取りを施した石皿は出ていない。第7地点でも集石遺構が8基検出されているが、土器は破片が300点ほどで、押型紋土器と妙見式・天道ヶ尾式土器は分散して、平栫式土器と塞ノ神式土器はそれぞれ集中的に出ている。

　早期にしてはそれまで知られていない特殊な様相が第10地点で見つかった。早期後葉の土器、つまり妙見式土器が150個体、天道ヶ尾式土器が180個体、平栫式土器が667個体、塞ノ神式土器が228個体報告されている。遺構内から

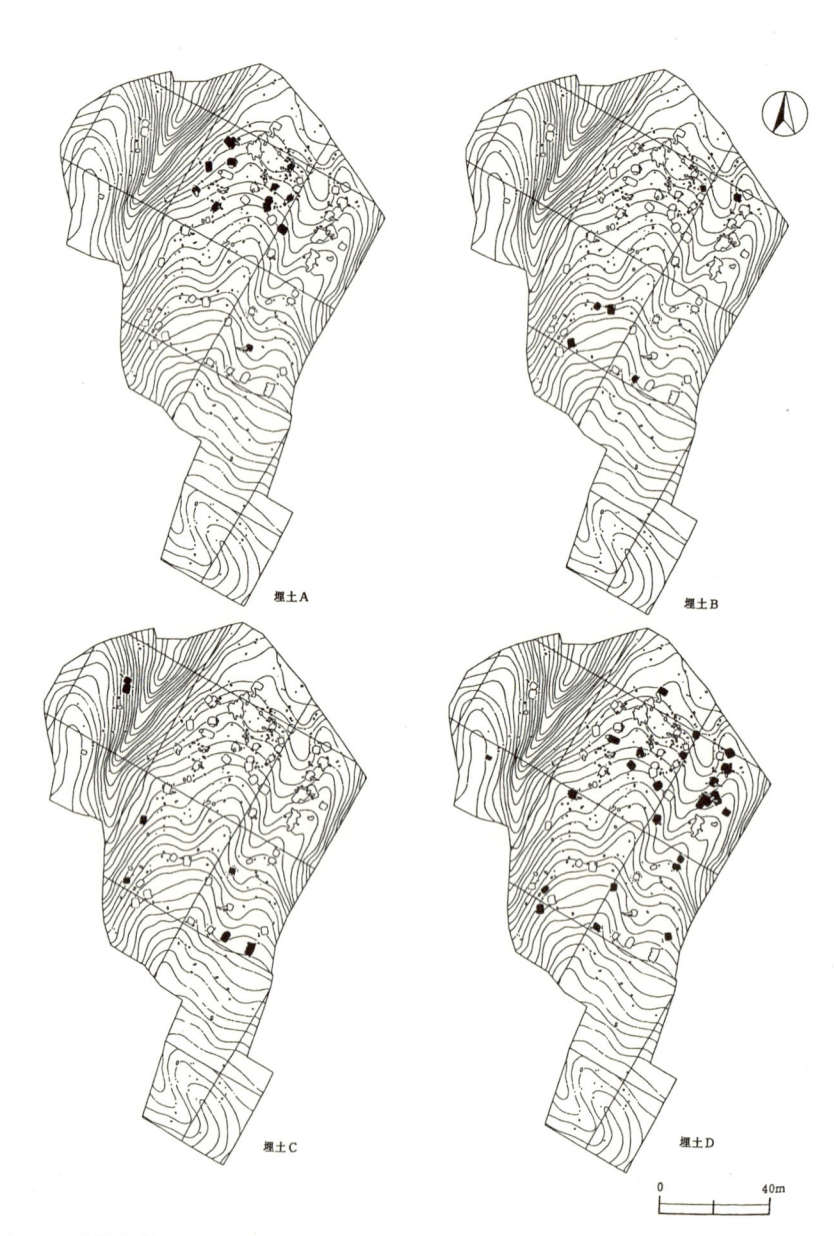

98　第2章　更新世／完新世移行期の急激な気候変動に人類はどう対応したか

埋土A

埋土B

埋土C

埋土D

0　　40m

図47　鹿児島県上野原遺跡第2・3地点検出の竪穴住居遺跡埋土パターン

第 3 節　縄紋化のプロセス　99

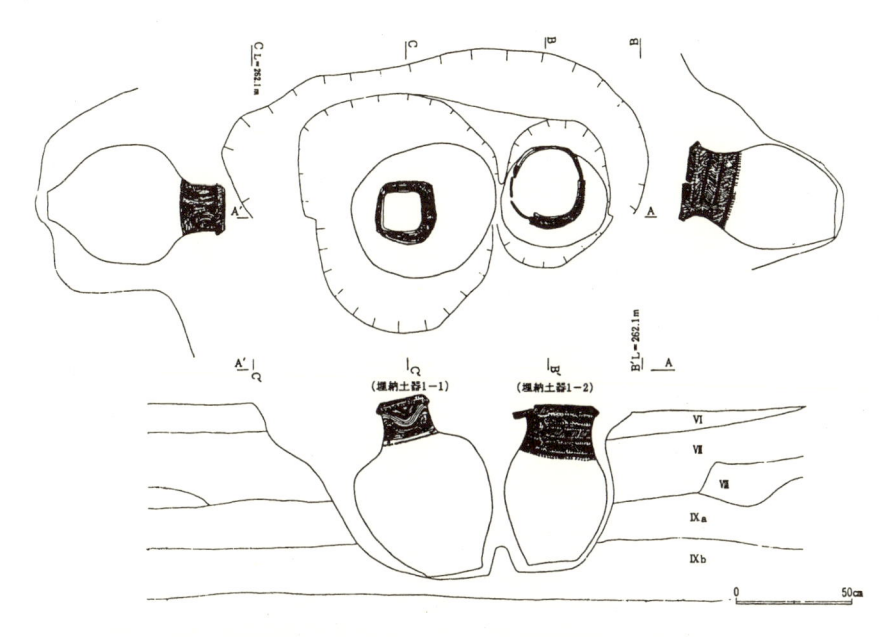

図 48　鹿児島県上野原遺跡第 10 地点検出の「土器埋納遺構 1」（報告書）

出土した土器片から判断して、252 基検出された集石遺構は主として平栫式土器期のものである。石器では石鏃 544 点、石槍 22 点、石匙 92 点に対し、磨石 18 点、石皿 108 点である。竪穴住居は見当たらない。平栫式土器期には前・中葉の定住性の高い居住形態と異なる、当地への回帰性の高い遊動活動が行われていたようである。この点に関して、興味深い遺構が残されている。Q・R－10 区に集中して磨石の集石場所が 4 箇所（4 個・2 個・3 個・3 個）、一見して大きな円環状に磨製石斧の集中場所（「埋納」）が 6 箇所（2 本・4 本・5 本・4 本・2 本・8 本）、S－12 区と R－12 区に集中して 13 個体の鉢形土器か壺形土器の完形品が 12 箇所（「埋納」）で検出された。土坑中から 2 個の壺形土器が立位の状態のまま並立して出土した「土器埋納遺構 1」はよく知られている（**図 48**）。ベンガラによる赤彩土器（十数個体）、赤彩耳飾り（6 点）、土偶など縄紋時代後・晩期を彷彿させるような遺物群が出ている（**図 49**）。遺物の

100　第2章　更新世／完新世移行期の急激な気候変動に人類はどう対応したか

希薄な空間を囲んで、外径240m、内径150mほどの環状に土偶や異形土製品、異形石器などを多く含んで遺物が集中している。八木澤一郎（鹿児島県埋蔵文化財センター）は「環状遺棄遺構」と呼んで、土器埋納遺構や石斧埋納遺構が検出された空間が「祭祀場」として機能していたと見なしている（**図50**）。次

図49　上野原遺跡出土の土器ほか（報告書）

第3節　縄紋化のプロセス　*101*

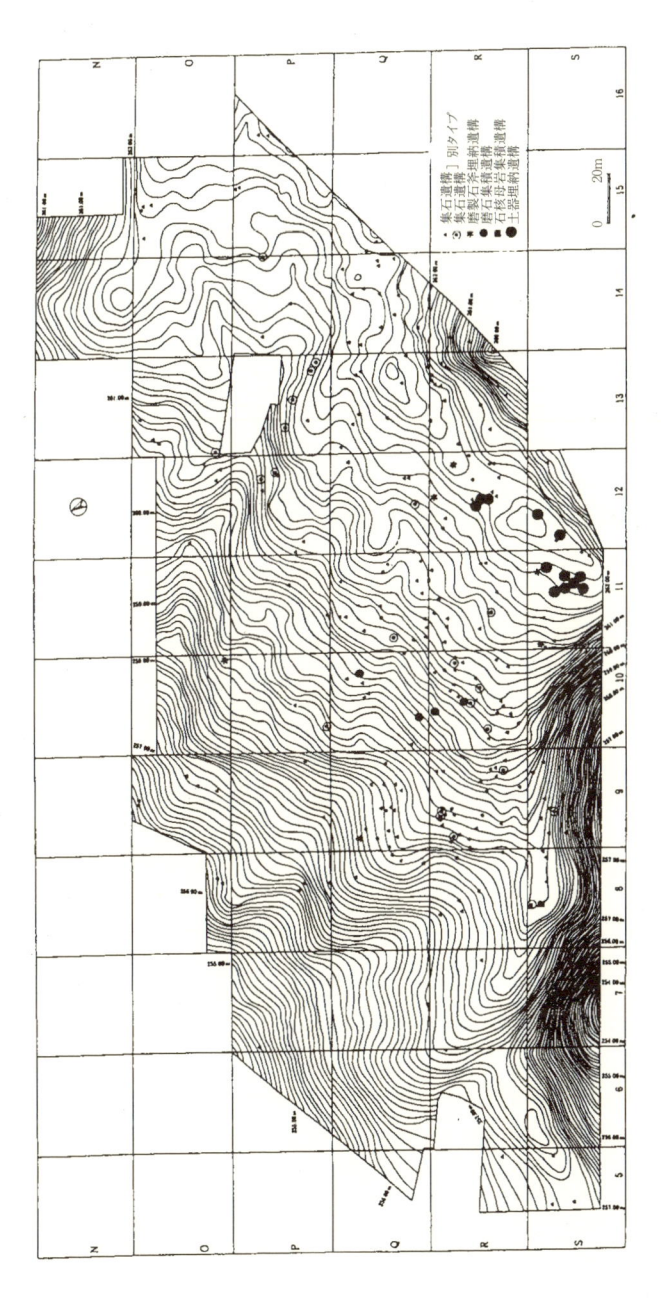

図 50　鹿児島県上野原遺跡第 10 地点「環状遺棄遺構」

の塞ノ神Bb式土器期になると祭祀場としての機能は停止したようで、当該空間から多数の土器片が出ている。

14. 早期の構造変動

　定住性に関して言えば、新ドリアス期の寒冷気候から急速に回復した早期前葉、特に加栗山式土器期を中心にその前後の時期（1万1000～1万600年前ころ）は、安定した植物性食料の供給により長期的に集落が営まれた。その後、早期中葉にはボンド・イベント（1万600年前ころ）と関連してか、遊動性が高まったと思われる。中九州中部を中心に分布する中原式土器が、特に石坂式土器との共伴例が増えることも、おそらく気候の冷涼化による植物性食料の減産に起因した、そうした居住形態の変化を反映しているようである。南九州における中原式土器の分布状況から推し量ると、中原式土器（異系統土器）集団と交換した女性を伴って、領域を移動していたのであろう。

　早期後葉を特徴づける遺物に壺形土器がある。上野原遺跡から11基12個体の埋納遺構が検出されている。新東晃一（元鹿児島県埋蔵文化財センター）によると、壺形土器の出た遺跡はそのほかに、種子島の須行園遺跡ほか鹿児島県全域に21遺跡、宮崎県南部に11遺跡、熊本県人吉盆地に5遺跡、そして長崎県百花台遺跡を加えて計38を数える。百花台遺跡例は塞ノ神式土器の破片2点である。発掘調査が行われた遺跡からは埋納された状態で出ていることから推して、その分布圏は社会的行為を共有する地域集団の領域を示唆している。壺形土器で最も古く位置づけられる宮崎県下薗遺跡からの採集品は手向山式土器期のもので、胴部に山形押型紋が施されている。この押型紋系の土器は平栫式土器期を特徴づける壺形土器の出現の契機を暗示している。つまり、在地の貝殻沈線紋系土器を有する集団と、北から南へ移動してきた押型紋系土器を有する集団との遭遇という、社会的緊張の中で創り出されたのであろう。形態の違いから新東晃一が上記の一群から外した、熊本県中北部の大津町にある瀬田裏遺跡出土の3個体の壺形土器には、前面に押型紋が施されていることも傍証

第3節　縄紋化のプロセス　103

となろう。上野原遺跡において見られた第2・3地点の加栗山式土器期の定住集落と，第10区の平栫式土器期の「環状遺棄遺構」・「祭祀場」という対照的な考古学的現象のあり方は、縄文時代前・中期の環状集落と、後・晩期の環状列石を彷彿とさせる。

第3章　生活世界と超自然界をつなぐ女性像

　前の章で言及したヨーロッパの旧石器時代狩猟民も、西アジアや西南ヨーロッパの新石器時代農耕民も、そして縄紋時代の猟漁採集民も、女性の身体を媒体として、彼らの願望を超自然の力に訴えた。厳しい自然環境の中で生き抜いていくために、超自然の生殖力・繁殖力への想いの粋を擬人化したのである。

　世界各地に残る創世神話から共通に読み取れるのは、生殖力・繁殖力に対する信仰である。そこから推して、ヴィーナス像、地母神像、土偶などの小女性像は、いわゆる人の個性とか人間像と関係なく、豊穣の女神とされてきた。その種の像は顔や手足の細部が省略されていて、女性的特徴、特に乳房、お尻、胴回り、性器が誇張されている、と言われている。そうした見解は極端に類型化されていて、議論の発展というものに欠けている。

　形態や装飾が、また顔の表情さえたいへん多様なことは無視されてきた。この章では、縄紋人が祖先（神）を通じても超自然界とコミュニケートしようとしていたことも念頭において、小像それぞれに対する最近の考古学者の関心を見ていきたい。

第1節　西アジア

　ムギ類・マメ類、ヒツジ・ヤギなどの野生種が生息する、「肥沃な三日月地帯」と呼ばれる西アジアの丘陵地帯で、人類史上初めてそれらが栽培・飼育化された、と見なされてきた。近年はイスラエル人考古学者オファー・バル＝ヨセフ（ハーバード大学教授）の謂う「レバント回廊」、すなわち、ヨルダン河谷からダマスカス・オアシスを通り、ユーフラテス流域に至る沖積地帯が注目

されている。先の章で述べたように、近年、「新ドリアス理論」にともない、シリア北部のユーフラテス川中流域西岸のムレイベット遺跡で、その兆候が見つかっている。

　植物栽培化とともに、人びとは何世代にもわたって同所に住み着き、古くなった建物は建て替えられたり、崩れた建物の跡に新たに建てられたり、時には意図的に火をかけて燃やされたりした。そうして村落は台地から大きく高まるテル（遺丘）景観（辻誠一郎の言葉を借りれば、人為生態系）を形成した。テルは特定の定住地へ執着する共同体住民と、その祖先世代との絆を象徴するものである。村落社会においては、家屋と集落は集団の活動をめぐって、目に見える具体的な、そしてかなり固定した境界を形成し、集団の構成員を結束させる一方で、他集団を排除する働きをした。集住は個々の家・世帯を超えて、より大きな社会的制度を発展させた。資源分配や分業、個人や世帯のリスク軽減、共同体構成員間の協働などの利点が生じると同時に、隣人間の緊張や争い、限定資源をめぐる競争、排除・収奪される不安など、負の結果も生み出した。こうした利点を認識し、欠点を克服しようとして、新石器時代の村落民は、新しい物質と材料と技術を求めるとともに、超自然界への対応（信仰・宗教）を発展させ、共同体間の政治的メカニズムを創出し、経済活動の規模を膨らませた。

1. シンボル革命

　ムレイベット遺跡は大きく4期（Ⅰ-Ⅳ）に分けられる。ⅠA期がナトゥーフ文化、ⅠB・ⅡA・ⅡB期がキアム文化（1万1700～1万1300年前）、ⅢA・ⅢB期がムレイベット文化（1万1300～1万600年前）**（図51）**、ⅣA・ⅣB期が前・中期PPNB（1万600～1万200年前）である。死海沿岸にあるエル・キアム遺跡を標準遺跡とするキアム文化は、シナイ半島からシリア北部まで分布する。ナトゥーフ文化からPPNAへの移行期の文化で、キアム型尖頭器（石鏃）を指標とするように、ガゼル猟を盛んに行っていた。PPNA期には、ユーフラテス川中流域にムレイベット文化、ダマスカス・オアシスにアスワド文

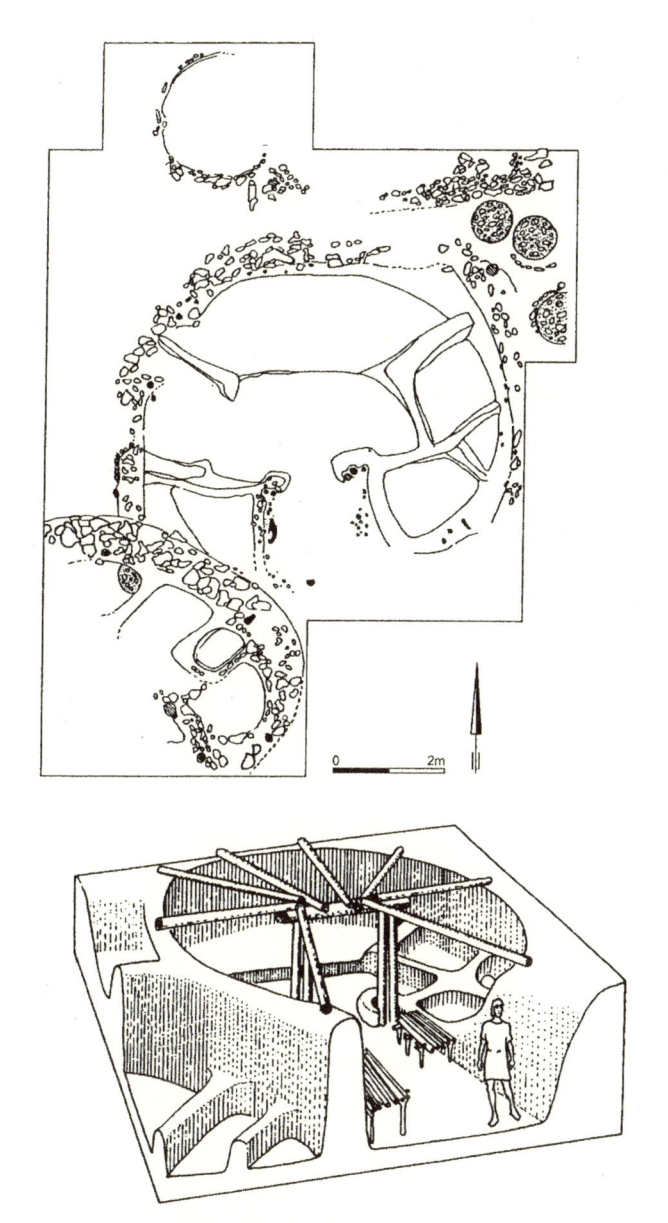

図 51　シリア・ムレイベット遺跡Ⅲ期の 47 号建物（Akkermans and Schwarty 2003）

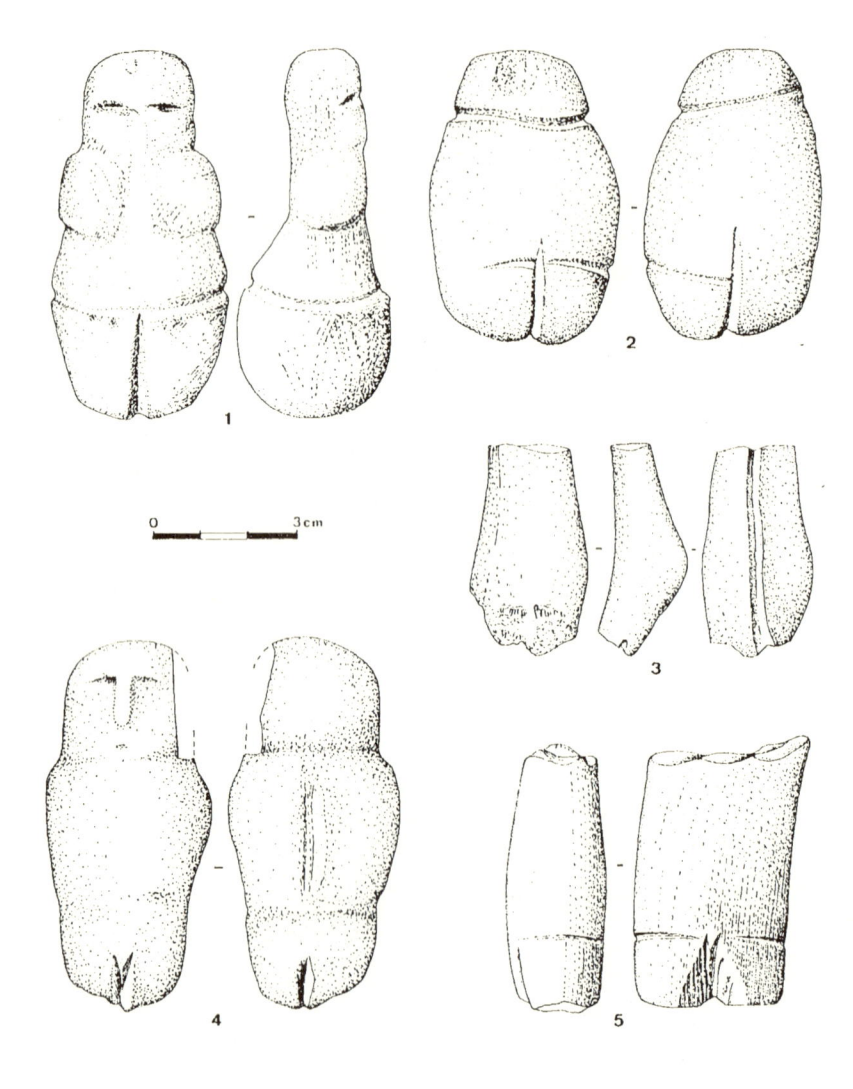

108　第3章　生活世界と超自然界をつなぐ女性像

図52　キアム文化期（1万1700〜1万1300年前）**の石偶**（Cauvin 2000）

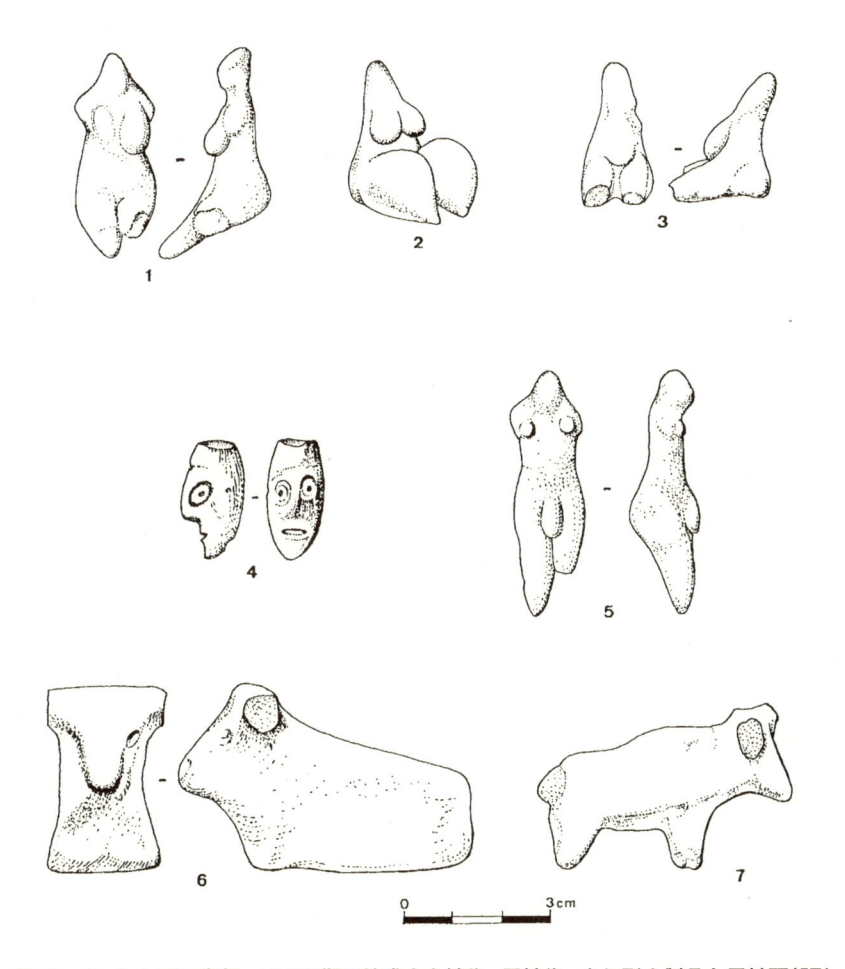

図53 アナトリア東部、PPNB期の焼成小女性像・男性像・ウシ形土製品と男性頭部形の垂飾品 (Cauvan 2000)

化、レバント南部にスルタン文化が並存していた。しかし、次のPPNB期になると南は現在のネゲヴ砂漠から北はアナトリア南東部にまで、ムレイベット文化に発する文化要素が広がった。

　キアム文化期にキアムとナハル・オレンとムレイベットから女性の石偶と土

偶が出ている(図52)。次のスルタン文化(PPNA)期のネティヴ・ハグドゥド遺跡からも焼成粘土製の女性像が出ている。大きな尻と上体と眼が表現されただけのたいへん抽象的な像である。しかし、ムレイベット文化期になると、女性像に加えて牡牛の彫刻が出現する。フランス人考古学者ジャック・コヴァン(国立科学研究センター:CNRS)は、このことからこの時期に「シンボル革命」が起こったと主張した。コヴァンはこの女性像と牡牛の組み合わせが、その後の地中海東部地域に広がった女性原理(女神像)に従う男性原理(牡牛)という信仰の先駆けだと見ている。アナトリアのチャタルヒュユック遺跡を有名にした聖所の壁を飾る女神と牡牛の頭蓋がよく知られている。なお、コヴァンは、牡牛信仰、押圧剥離の大型石刃鏃、矩形住居、分布域拡張などの特徴を示すムレイベット文化に発するPPNB期の文化に、男性原理の優位を見ている。

ところで、PPNB期のアナトリア東部には、在地に産する黒曜石製石器を特徴とする地域的な文化が明らかになってきた。チャヨヌ遺跡などから焼成粘土の小像(女性座像と牡牛像)が出ている(図53)。つとに知られているイラクのジャルモ遺跡出土のものに繋がる形態である。

2. 女神の座像

西秋良宏(東京大学博物館)らが発掘調査を行ったシリア北東部のテル・セケル・アル-アヘイマル遺跡において、およそ9000年前の無土器新石器時代B期(PPNB)から土器新石器時代(PN)にかけての層から、焼かれていないが、大型で作りの良い、磨きをかけて彩色した土偶が見つかった

図54 シリアのテル・セケル・アル・アヘイマル遺跡検出の**女神座像**(西秋良宏氏提供)

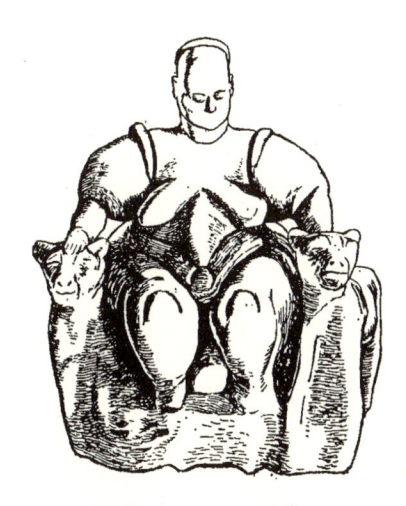

図 55　トルコのチャタルヒュユック遺跡出土の女神座像（Mellaart 1969）

(**図 54**)。チャタルヒュユック遺跡から出土した女神座像（**図 55**）に先行する。西秋の報告によれば、建物の床の直下、建物の基礎に使われた、締まった赤茶けた土の中から出土した。この遺跡から出た 6cm に満たない他の土偶（一般にこの種の土偶は大きくない）に比べ、この女性像は高さ 14.2cm、尻回りが 9〜10cm のどっしりした、左足を右足の上に組んでいる坐像である。コーヒー豆形に斜めのスリットを入れた目、鼻、口や両耳など、頭部が写実的手法で造形されている。両手は腹の上で組まれ、両手が膝に置かれている。乳房の表現は控えめだが、お尻は大きく誇張されている。退色しているが、もともと全身に彩色が施されていたようだ。彩色土偶は紀元前 7000 年紀後半のサマッラ期やハラフ期で一般化するのだが、像自体はチャタルヒュユックやハジラールなどアナトリア地方の大型のテラコッタ像に類似するようで、神像なのかもしれない。

3. メソポタミアの女性土偶

　シリア北部のカブール川を挟んで、その東側にはケルメズ・デレ、ネムリク、

ザウィ・チェミ・シャニダール、カリム・シャヒルなど、ナトゥーフ文化とは異なった定住的な狩猟採集民の遺跡が分布している。旧石器時代から新石器時代への移行期のメソポタミア北部の変化はよくわかっていない。ハッスーナ、ガンジ・ダレ、テペ・グーラン、アブドゥル・フセインなど定住遺跡の多くは、最下層には構築物がなく、おそらく西から移動してきた遊牧民の定着に始まると思われる。ウンム・ダバギヤ・ソット文化（原ハッスーナ文化）として知られる遺跡から土器が出てくる。

　新石器時代の遺跡から出る最も重要な遺物の一つは土器に代表されるような、耐久性、可塑性のある新しい素材である粘土を焼いて作る土製品である。「地母神像」と呼ばれてきた粘土製の小女性像もその一つである。実は、誰が、いつ頃、この小女性像に「豊穣の女神」や「母神」のイメージを抱いて、そう呼んだかよくわかっていない。その後のメソポタミアの古代都市文明が始まる頃から、大量に（バビロンからなんと6000個も出ている）製作された女性像の中に、粘土板文書や円筒印章に記され、刻まれた大母神イシュタールの神像からの類推によるのかもしれない。

　私は1970年3月に、「先史メソポタミアの女性土偶―所謂《地母神像》についての一考察―」と題する卒業論文を提出した（未発表）。扱った女性像は16遺跡の調査報告から集成した。当時は「象徴考古学」も「認知考古学」も未知の領域で、引用できた関連文献はB.L.ゴフの『先史メソポタミアのシンボル』（英文、イエール大学出版）くらいであった。小女性像の多くは、部分的な細部装飾は別にして、ほとんど全裸に近い表現がとられている。特に乳房、腰、尻、女性器が誇張ないし強調されている。これに反し、頭や両手両足は単に突起であったり、省略されたりしていることが多い。妊娠を思わせる腹の膨らみを見ることも多い。乳幼児を抱いたり、授乳をしたりしていることもある。こうした"女性性"の強調によって、農耕民がいったい何を表象していたのだろうか。家内で使われ、集落の共同空間で使われることはほとんどなかった。墓への副葬品は稀である。

4. ジャルモ期・ハッスーナ期

　1951年にロバート・ブレイドウッドらが発掘した、イラク・クルディスタン地方の丘陵上にあるカリム・シャヒル遺跡では、動植物の飼育・栽培の証拠は出ていないが、家畜化の可能性のある原生種のヒツジ・ヤギ・ブタの骨が50％以上を占めていた。たいへん粗雑な作りで不定形の未焼成粘土製品が2点出ている。ブレイドウッドは動物らしいとしながら、その図の説明に「粘土細工（地母神像）」とつけるなど混乱している。

　1948年から3シーズンにわたってブレイドウッドらによって発掘された、イラク・キルクークの東、丘陵上にあるジャルモ遺跡では連続した15の居住層が認められた。上部5層で土器が現れている。大麦と2種類の小麦を栽培し、動物骨の95％までが飼育種であった。動物形土製品とともに土偶が多数出ている。軽く加熱したものはわずかで、多くは天日干しをしただけである。彩色されていることもある。2タイプに分けられる。性別のはっきりしない大型の立像と、臀部を誇張した女性像である（**図53**参照）。女性像はすべて座しているかうずくまるかしており、中には脚を体部と直角に突き出した特徴のある形態が認められる。ブレイドウッドは妊娠状態を表していると解釈した。イラン・ケルマンシャー近くのテペ・サラブ遺跡や、同じくイランのアリ・コシュ遺跡からも類似した女性像が出ている。

　ジャルモ期に続くハッスーナ期の標準遺跡であるテル・ハッスーナは、イラク・モスルの南35kmにある。1943～44年にS.ロイドとイラク人考古学者F.サファルによって発掘された。テルの中央部で15の層が認められ、第1～5層がハッスーナ期の層である。最下層で見つかったキャンプ跡は、当時、農耕民が丘陵地から下りて平野部に定着した最初の形跡だと考えられた。焼成された女性像はジャルモのものと異なり、単純なバイオリン形の立像で、尻が極度に誇張されている。

　1964年にベナム・アブ・エ・スーフの指揮のもとに発掘されたテル・エ・ソワン遺跡は、イラク・サマラの南11km、チグリス川東岸にある。灌漑農耕

が推測されている。5層の建築跡が確認され、第1層の建物跡の下から100基以上の墓が見つかった。第1層と第2層（ハッスーナ期）の建物の床や墓から粘土製、テラコッタ製、アラバスター製の女性像が出ているが、サマッラ式土器が出現する第3層以降には見つかっていない。アラバスター製女性像は5～15cm くらいの大きさの立像で、その多くはいろいろな形のアラバスター製容器とともに墓に副葬されていた。写実的な造形で、中にはビチュメン（天然タール）の被り物をかぶり、目に貝殻をはめ込んだものもある。第1層の建物のひとつでは、最奥の部屋の北壁中央部に壁龕をもち、下から見事なつくりのアラバスター製女性像（地母神像）が見つかった。その建物は神殿ではないかといわれている。

　東京大学のチームによって発掘されたテル・サラサートはモスルの西50kmにある。第Ⅱ丘の最下層XV・XVI層から、1976年の発掘の際に多数（報告書では28点）の女性像が見つかった。1.2cmから8cm余の大きさで、完形品は少なく、ほとんどが体部破片である。膝を立てた座像で、頭部に向かって細くなる。腹部の膨らむもの、大きく垂れた乳房をもつものを含む。堀晃（元古代オリエント博物館）が「サラサート型」と呼んで報告した。

5. ハラフ期

　金石併用時代前期つまりハラフ期（紀元前6000年期）に居住形態が大きく変化した。北メソポタミア平原の彼らの中心地から、西方及び北方へ拡散した。地域のセンターは形成されたが、前の時代に比べ遺跡が小型化する一方で数は増加した。いろいろな地形に位置するようになり、ユーフラテス川の低位段丘上に加えて、高位段丘上にも居住した。河川の水位が下がる乾期に適応して、多様な生態系の利用を試みたようである。ハラフ期の終り頃に、大気が湿りを帯びだし、金石併用時代中期のウバイド期（紀元前5000年期）が始まる前後に、中期完新世の重要な時期、つまり冷涼・湿潤な時期に転換した（図29参照）。ステップ景観からカシ／ピスタチオ森林景観に戻り、ブタ・ヒツジ・ヤギ・ウ

シの飼育と穀物栽培に適した豊かな環境であった。ユーフラテス川の高位段丘は放棄され、居住地は沖積地近くに移され、10〜20haの町へと拡張された。農業生産性の上昇によって、乾期に備える余剰生産物の貯蔵が可能になり、農耕に従事しない工作者や行政官への再分配も可能になった。この気候の回復は青銅器時代前期まで続いた

　ハラフ期の標準遺跡テル・ハラフはシリアのトルコ国境近くにある。この遺跡の報告書は層位的記述に欠けていてわかりにくい。この遺跡の女性像はたいへん様式化されていて、造形はほとんど一様である。頭部はほとんど注意が払われず、粘土を指で引き伸ばしただけの粗づくりで、単なる突起に過ぎないものもある。対照的に乳房は誇張されて重そうに垂れ下がり、中年の成熟した女性のイメージを生む。両腕は乳房を抱え込むような形で組み合わされていて、両脚は大きく誇張されて立て膝で座っているような形である。体一面に施された横縞の彩色はハラフ期の彩紋土器に通じている（図56）。

　イラク・モスル近くのテル・アルパチヤは、ミステリー作家アガサ・クリスティーの夫としても知られるマックス・マローワンによって1933年に発掘された。下位の5層がハラフ期、上位の5層がウバイド期の層で、比較的遺構の変遷を辿ることができる遺跡である。10棟確認されたハラフ期の円形プランの建物、いわゆる「トロス型」建物の最大のものは、直径10mの主室とそれに附随する長さ19mの前室（通廊）からなり、そこに接して外側から埋葬跡2箇所と、堆積土中から多数の女性像が見つかった。マローワンは神殿だと見なした。女性像は写実的なものとバイオリン形のものに2大別できる。バイオリン形はハッスーナ期から継続するもので、縦縞や横縞の赤い彩色が施されている。大きく垂れた乳房の間を通して両肩にかけた襷状の、あるいは吊りバンド状の十文字の交差紋様の像は、テペ・ガウラ遺跡からも数例出ており、シンボリックな表現なのかもしれない。妊娠状態を思わせるものもある。ハラフ期に広く見られる座像はここでも多い。両脚の間に垂直の刻線を入れて性器を表現したものがある。座産を表していると見られる例もある。立像にも刻線の誇

116   第3章　生活世界と超自然界をつなぐ女性像

図56　メソポタミアのハラフ期の女性土偶

フ期の女性小像（縮尺不同）

張した性的三角形を表したものがある。テラコッタ製の中空の一群は写実的で作りがいい。呪術的シンボル、いわゆる「マルタの十字形」の赤色紋様が左肩に付けられた像は、何らかの信仰に関連すると見られる。焼け落ちた家から出土した石灰岩製の女性像は乳房や頭部の作りが小さく、手足が省略されているが、縦の刻線をもつ誇張した性的三角形が表されている。多種多様な女性像はアルパチヤの住民の精神生活において、地母神信仰を巡るいろいろな用途があったことを示唆している。

　シリア北東部、ハブル川上流のトルコ国境近くにあるテル・シャガル・バザルもマローワンによって1934年の試掘の後、1935年から37年にかけて発掘された。ハッスーナ同様の一時的なキャンプ跡に始まり、次の第14層から6層までがハラフ期に相当し、第9層からはトロス型円形遺構が出ている。アルパチヤよりもハラフ期が長く続いたようで、次のウバイド期の土器はほとんど見つかっていない。第11～7層、中でも第8層からハラフ期特有の女性土偶が多数出ている。すべて写実的な作りで、アルパチヤ出土のものに比べ細かな作りで細部描写に富んでいる。例によって、座っているかうずくまるかした形態で、両腕は円錐形の豊満な乳房を抱きかかえるような形で組み合わされている。丸椅子状の小円盤に腰掛けた女性像が初めて知られた。マローワンは座産を表現していると見なした。もう一例、例外的なものに眼を描いたものがある。その眼を包み込むようにして彩色されている。テペ・ガウラからも出ている。後のジェムデット・ナスル期に盛行した「眼の神像」(目を強調したアラバスター製小像)の先駆けかもしれない。

　イラク・モスルの北20kmにあるテペ・ガウラは1931～38年にかけて、E.A.スパイザーとA.J.トブラーによって発掘された。第20層がハラフ期でトロス型建物が出ている。第19～12層がウバイド期、第11a～8層がウルク期並行である。1930年代に発掘された遺跡としては層位的に明確な発掘が行われ、その編年は比較的信頼が置けるものである。出土した女性像についてのトブラーの記載、「高く尖った膝、指でつまんだような頭、乳房を抱える両腕、

第 1 節　西アジア　119

頭部の彩色や首と両肩をまわる縞模様」は、アルパチヤやシャガル・バザルと共通する。このような特徴の女性像は遺丘の下半部に集中し、上層になるにしたがい数を減らして、ウバイド期の終末でほとんど姿を消してしまう。この遺跡でも男性土偶は極端に少なく、土器に描かれた人物や円筒印象に刻まれた人物が圧倒的に男性であることと対照的である。その社会的な背景、すなわち母系的初期農耕社会と父系的・階層的町邑社会を反映する、というのがステレオタイプ的な解釈である。大理石製のいわゆる地母神像が5点出ている。

　モスルの西 55km にあるテル・サラサートは東京大学の調査隊によって発掘された遺跡である。第7層がウバイド最末期に当たる。遺跡の各層から土偶が出ているが、床面出土の例がなく、形態の明確なものも少ない。第13層出土の座像はハラフ期からウバイド期にかけてイラク北部で広く作られた女性像である。第14層の竈跡から石膏岩製の座形女性像が出ている。

6. ウバイド期

　イラク南部のアンナシリア近くにあるテル・アル・ウバイドはウバイド期の標準遺跡であるが、女性像は破片が2点出ているだけである。この時期の女性像はウバイドの東 6km にあるウルのものがよく知られている。ウルは 1922～34 年にレオナード・ウーリーによって発掘された遺跡で、シュメール初期王朝の「王家の墓地」が有名である。最下層がウバイド第1期、それを覆う洪水による厚い砂層の下層がウバイド第2期、上層がウバイド第3期で、第2期の墓地から発見された一群の女性像はウバイド期の女性像の中でも最も特異で優れた造形を見せている。いずれも腰や首や手首の回りに帯状の彩色が施されている以外は裸身の直立像である。肘を張って両手を腰に当てるか、子供を胸に抱いて左の乳房を含ませている。痩身で乳房も適度な膨らみと大きさである。誇張された性的三角形が目を惹く。肩が不自然なほど左右に張り出し、その肩から上腕にかけて粘土の小球が貼り付けられるか、黒色の円点が施されている。先に述べてきた女性像とまったく異なる独特の造形を見せているが、中でもき

120 第3章 生活世界と超自然界をつなぐ女性像

図57 メソポタミア、ウル出土のウバイド期女性像（Oates 1976）

図58 メソポタミア、エリドゥ出土のウバイド期男性像

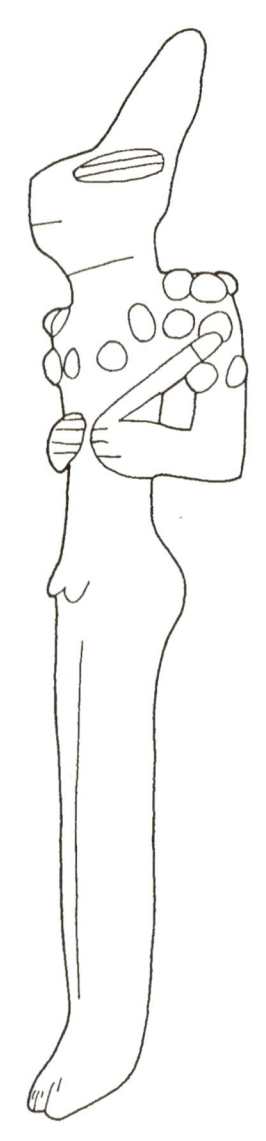

わめて特異なのが頭部で、アスファルトで覆われて長く伸びたドーム状の頭頂部と爬虫類的な容貌は人間のものではない。両側に鼻の穴を付けて突き出した「鼻面」と、斜めに長く切れ上がった眼と、高く浮き上がらせたまぶたが際立っている（図57）。これらの女性像の機能を考える際に見落とせないのが、ウルの南南西19kmにあるエリドゥでウバイド期の墓地から発見された男性像である（図58）。造形は女性像と同類であるが、明確な男性器をもち、左手に指揮棒のようなものを握っている。バグダードの南東60kmにあるテル・ウカイールは都市遺跡であるが、遺丘Aの北面でウバイド期の住居跡が出ている。その面から出た3点は上半身を欠いているが、ウル出土の女性像と同類と思われる。

　以上見てきた先史メソポタミアの女性像はウバイド期の終末で姿を消してしまう。次のウルク期やジェムデット・ナスル期にはこの種の女性像は製作されていない。長い期間を経て王朝期の都市遺跡からはそれこそ無数と言っていいほどの、さまざまな形態の女性像が、圧倒的に数を増した男性像とともに出土している。

第2節　バルカン諸国

　イラクのジャルモ遺跡、シリアのラス・シャムラ、テル・ムレイベット、アブ・フレイヤの諸遺跡から、アナトリアのチャタルヒュユック遺跡やハジラール遺跡を経由して南東ヨーロッパに広がる「大母神像」と呼ばれる小像は、美術・芸術的造形美を見せるものは稀であるが、これを作った農耕民たちの"こころ"、とりわけその信仰生活を解き明かす手がかりとして、考古学者が重視してきた遺物である。西アジアでは、後にキリスト教が流布して偶像崇拝が禁じられるまで、土器と並んで一貫して製作され続けた。さらに、西アジアに起源した「地中海型農耕複合」が地中海ルート、あるいはダニューブ（ドナウ）

川ルートで西に伝播するのにともなって、地母神信仰も各地に伝わった、と言われてきた。しかし、その背景にある文化圏説と文化伝播説では、広大な地域に長期間に分立してきたそれぞれの共同体の文化的起原と特徴、共同体間の接触を充分に説明することができない。

1. 古ヨーロッパ

8500年前頃、農耕・牧畜の技術がバルカン地域に伝わった。ブタ、イヌ、ウシなど在地の動物の飼育化と、ヒツジやヤギなど他地域起原の動物が、コムギ、オオムギ、マメなどの新しい栽培技術と一緒に導入された。

ヨーロッパ先史考古学の権威マリア・ギンブタス（1921－1994）が「古ヨーロッパ」と呼んだのは、ヨーロッパの基層を形づくる上部旧石器時代後期の文化と「前インド＝ヨーロッパ語文化」とに挟まれた時期に、アナトリアやメソポタミア、シリア－パレスチナに起こった文明の発展に並行しながら、独自に発展した文化パターン、すなわち母権的でおそらく母系的で、農耕を営み、定住生活を送る平等で平和な文化を想定してのことであった。ヨーロッパ東南部（エーゲ海・中央バルカン、アドリア海地方、ドナウ川中流域、東バルカン、モルダヴィア－西ウクライナ）に、8500～5500年前に形成された新石器・金石併用文化で、象徴的で概念的なさまざまな「女神像」を残している。それらは肉体を変形させることでこれを精神化し、初歩的な身体性を超克している。ギンブタスは超自然的な力を、自然の不規則性を秩序化された経験へと導く思弁的表徴と見なした。ちなみに、土器の紋様に関しても、日本の縄紋土器研究においては渦巻き紋、山形紋、三叉紋のように、幾何学図形の記述だけに留まるのが通例であるけれど、これと対照的に、ギンブタスは月や牡牛や蛇に見立てて、それらの象徴的意味に言及する。古ヨーロッパに発した神々への信仰は、女神の造形を伴って、ミノア文明を経由してギリシャの古典時代まで継続した。物事の究極的な起源を神話以外の観点から説明しようとした最初の人、イオニア地方のミレトスのタレス（前636～546）は、あらゆる物事の原理は水である、

といったと言われているが、水の女神は古ヨーロッパに遡るというのである。

　グンナーとランディのハーランド夫妻は、ギンブタスとその地母神論を批判する。特に次の二つの前提、つまり、社会における女性像の卓越は女性が優位を占める社会の反映であるということと、女性像の卓越は母系社会の特徴であるということ、に向けられた。2人は女性が共同体で果たす役割と、女性像の存在と使用との関係についての民族調査を行った。西スーダンのファー族の場合、特別な儀礼、色彩、生業、集団間関係などとともに、ボラ・ファッタ（白ないし母乳）の概念と結びついていた。ライフ・サイクルでの危機、および儀礼的解決を要する病の治療、戦争、割礼、雨降りなど、人間関係や事件といった危機に際して、女性像は意味をもってくる。重要なのは、これらは男の領域だということである。協調性の弱い集団で構成される共同体、社会的連帯性に乏しい共同体で、信頼と支持を確立しようという試みの一部に、女性像が使われている。公共の場で男が優位な共同体内で、奥深く複雑な意味と交渉のシステムの一角を占めているのだ。現生民族の事例を一般化するのは危険だが、伝統的な紋切り型の解釈への鋭い批評になっている。

2. ハマンギア文化

　ルーマニア南西部とブルガリア北東部のダニューブ川下流域に、紀元前6000年紀中葉から5000年紀中葉にかけて、狩猟－飼育－栽培－採集活動に基盤を置くハマンギア文化があった。平地式住居と竪穴住居と土坑からなる集落は、恒久的定住地というよりは移動的基地といった性格のもので、細石器と石刃が多く出る。集落跡より少ないが、墓地跡が出ている。セルナヴォダから400体以上、ドゥランクラクからは750体の人骨が出ている。各種の副葬品の中に動物（多くは野生種）が混じること、イノシシの牙が垂飾品として貴重であったことが、在地の伝統を示唆している。

　大理石や貝製の小像も副葬されたが、多くはない。後者の750基のうち11基から出ているに過ぎない。しかし、バルカン地域の新石器時代の小像は集落

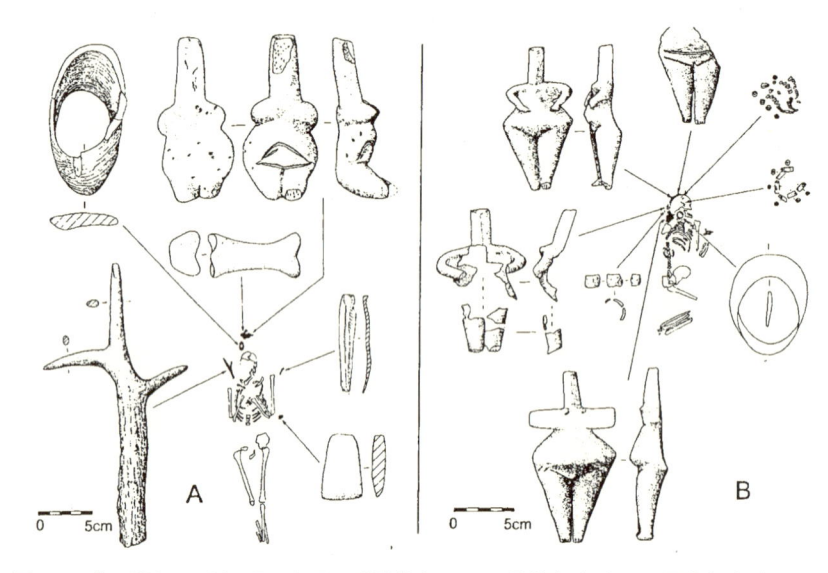

図 59 ブルガリア、ドゥランクラフ遺跡検出の 1036 号墓（A）と 626 号墓（B）（Bailey 2005）

跡、特に住居址から出土するのが通例であるから、副葬品としてのあり方は特異である。ドゥランクラク墓地の 626 号墓は 20 代前半の女性が埋葬されていたが、きわめて大型のイガイの腕輪、銅線と孔雀石のビーズなどとともに、4 点の小立像が頭部付近から出ている。同じく 1036 号墓の男性骨の頭部近くから、イガイ製腕輪、ウシの骨片とともに小坐像が出ている。他に堀棒として使われた鹿角、石刃、小型磨製石斧も副葬されていた**（図 59）**。

　ハマンギア文化の小像は全体に身体の部位や顔の表現を欠いている。一般に焼成粘土製であるが、大理石や石灰岩、骨や貝を素材としたものもある。三つのタイプに分けられる。大部分は立像で、断面三角形の不自然に長い首から切り落とされたかのように頭部を欠いていて、両肩、胴体、臀部は量感に溢れるが、両腕は乳房の下に細く畳み込まれているか、両肩から突起状に伸びているに過ぎない。下腹部に直線が刻まれていることもあり、三角形のこともあり、その真ん中に短い縦線が刻まれた例も 2〜3 ある。尻をぺたんとつけた座像は

図60 ルーマニア、セルナヴォダ墓地出土の"考える人"と"坐す婦人"像
(Bailey 2005)

それほど多くない。踝と足の表現はほとんどない。人の形をしているが頭部を欠き、一部を誇張する一方で身体の細部の表現を欠いている。

　たいへん少ないが、写実的な像もある。1950年代に緊急発掘の際にセルナヴォダ墓地から見つかった、"考える人"と"坐す婦人"と呼ばれている2点がよく知られている（図60）。前者は低い4脚の椅子に座り、立てた膝に肘をついて手のひらを頬に当てている。後者も同様のポーズをとっているが、ぺたんと座り、片方の脚を前方に投げ出し、他方は曲げた膝に両手を乗せている。目、鼻、口が表現されている。あごを前に突き出して前方を見つめているようだ。残念ながら、出土状態は不明である。

3. ククテニ／トリポリエ文化

　ルーマニア東部、モルダヴィアとモルドヴァ（以上ククテニ文化）とウクライナ（トリポリエ文化）の広い地域にわたって、7000年前から5000年前のククテニ／トリポリエ文化の遺跡が見つかっている。多くは高位の河岸段丘上か崖際に作られた、40〜100㎡、時に350㎡に達する矩形の住居（材木を敷き粘土を張った床、複数の部屋、竈と壁沿いのベンチを備える）が20軒から数100軒規模の環濠集落跡で、一般に環状に配されている。死者の埋葬の跡は見られず、人骨片が集落内に散らばっている。特異な葬送であったのかもしれない。

　ククテニ／トリポリエ文化は大きく4期に分けられる。小像で見ると、ハマンギア文化との接触を思わせる先ククテニ／トリポリA期から、代表的な刻線紋の発達するククテニA／トリポリエB1期のものを経て、ククテニA－B／トリポリエB2期からククテニB／トリポリエC1期（その後にトリポリエC2期がある）にかけては、より具象化し細身になって、彩色紋・円孔紋が用いられるなど、この文化期の前半と後半では小像造形が変化した。

　トルシェシィティ遺跡で見てみると、102軒の住居のうち41軒（40％）から小像が出ており、大部分（28軒）が一体である。16号住居と87号住居から5点ずつ、2号住居から4点出ている。また196基の土坑中、小像が見つかったのは19基で、40号土坑からだけ複数つまり14点出た。いずれも破片状態で、他の様々な遺物の破片とともに出ている。特に儀礼との関係を示す兆候は見られないようであるが、意図的な破壊と廃棄を言う研究者もいる。しかし、破片状態が偶然か意図的かを決定する方法をもたずに、コンテクストも小像も多様な事例に対して意図性を想定しても、すべての小像が儀礼的に破壊され埋められたという結論は導き出せない。

　1984年に北東ルーマニアのドゥメシィティで、建物跡から14〜20cmの、腰をかがめた12点の小立像が見つかった。ククテニA期のものである。6点ずつ二つのタイプに分けられる **(図61)**。一方は両脚を広げ、小さな丸い粘土

図61 ルーマニア、ドゥメシィティ遺跡出土のククテニA期の小立像（高さ 20 cm）
(Bailey 2005)

を貼り付けて胸（乳）とへそを、またペニスと、刻線模様のベルトと肩掛けのようなものを表現するほか、ほとんど装飾のない像である。長い首の先をつまむようにして目と鼻を表している。両腕と両脚は省略されている。両性具有像と見られている。他方は両脚をぴったりつけて、体全体が刻線で覆われている。小さな丸い粘土を貼り付けて、膝、へそ、胸（乳）、あるいはそのすべてを表している。女性像と見られている。聖所への奉納物というと分かり易いが、女神崇拝や祖先崇拝という紋切り型の説明でいいのだろうか。この時期の小像を特徴づけているのが、全身を覆う刻線紋の規則性と臀部と胸部の特異なシンボルであり、後半期に一般的な女性器の表現と異なり、性的表現が弱いことであり、頭と顔の表現が省略されていることである。

4. テッサリア

　中央ギリシャの北部に集中するテッサリアの新石器時代の遺跡は、セスクロ、ディミニ、アチレイオンなど20世紀初めから知られてきた。8700／8500年前から5100年前の年代で、前期・中期・後期・晩期に分けられる。礎石の上に泥レンガを積み重ねた建物が何世代にもわたって、繰り返し建てられて、テル（遺丘）の景観が広がっている。火葬骨が分散して見つかっているが、墓地の跡はほとんど見つかっていない。社会の紐帯を強める手段としての埋葬儀礼は重視されていなかったようである。

　テッサリアの小像は、その多くが円筒形の長い首を持ち、水平に刻んだ目あるいは刻みを入れた粘土粒を貼り付けた目と、しばしば嘴形の誇張された鼻を持つ（**図62**）。先に言及したギンブタスの"新石器時代の神々"（鳥の女神、蛇の女神、受胎の女神、出産の女神、蛙の女神、男神、乳母など）で応用されている。最も単純なものは三角形ないし菱形の大理石で、粘土製の胴体に頭・首として装着された状態で見つかる。

　テッサリアの小像は単純な形態であるが、体の特定の部位に注意が払われている。誇張された嘴形の鼻がそうである。髪の毛もそうで、さまざまな髪型で

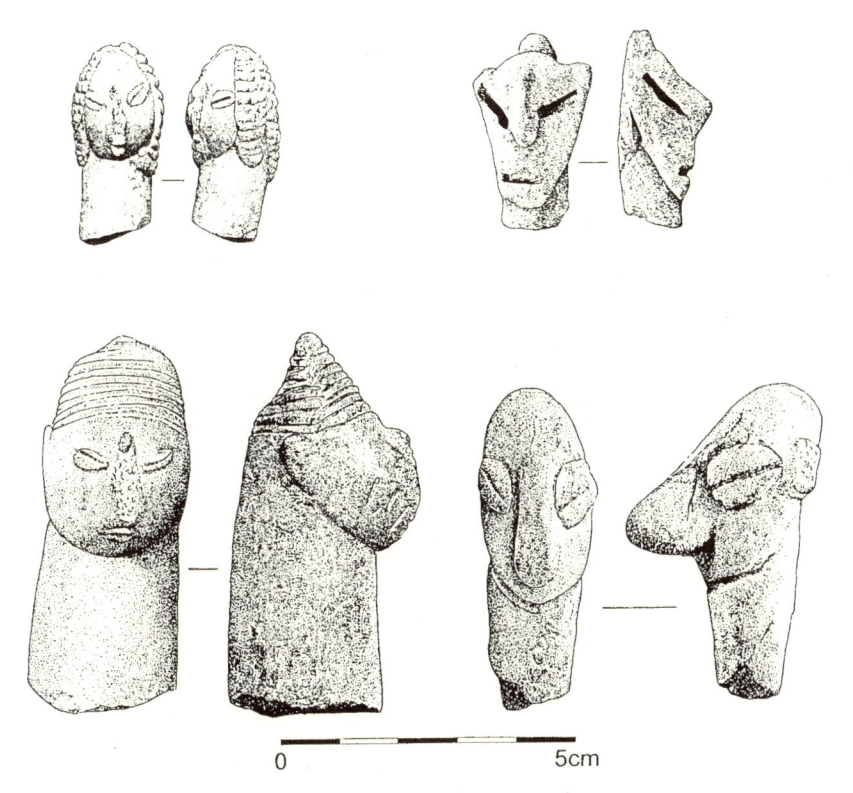

図62　ギリシャ、テッサリア出土の小像頭部（Bailey 2005）

表現されている。ヨーロッパ南東部の新石器時代の小像には一般に性徴が見られるが、特にテッサリアのものは乳房と女性器・男性器を際立たせている。豊饒性や多産と関係づけられているが、根拠の薄い憶測に過ぎない。

　小（女性）像は抽象的像と写実的像に大別できる。年代的には、性を強調せず、身体各部を明確に区別しない、腕の短い、お尻の大きな抽象的な像がまず作られた。次に様式化して、同時期の土器紋様と同じように装飾された。そして最後に、製作技術のレベルが落ちて、それまでの細かな表情表現から紋切り型になった。立像か坐像かの区別もある。坐像も椅子に座っているのか、正座なのか、脚を横に崩しているのか、などの区別がある。女性像が男性像を圧倒

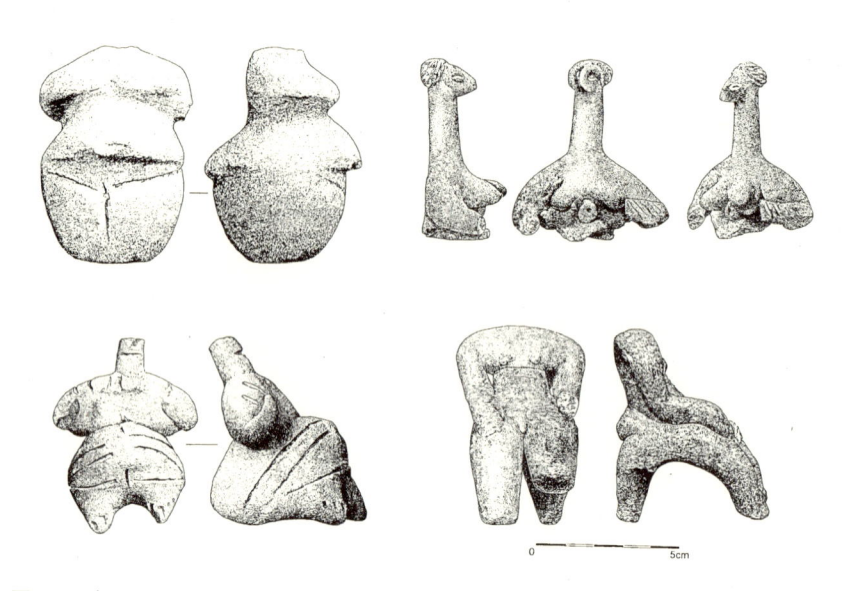

130 第3章 生活世界と超自然界をつなぐ女性像

図63 ギリシャ、テッサリア出土の小(女性) 像（Bailey 2005）

しているが、性別の困難なものも少なくない**(図63)**。唯一確実な解釈があるわけでない。使用された状況に応じて意味が違っていたかもしれない。発見場所が有力な手がかりになるかもしれないが、出土状況が分かる発掘例に乏しい。プラテイア・マグーラ・ザルコウ遺跡の住居跡からは特異な出方をしている。炉の正面から掘り出されたミニチュアの家型遺物（17 × 15cm）で、8点の小像が入っていた。2組のカップルと4人の子どもとも見なせる例だ。こうした例でギンブタス説の威信が揺らいでいる。

　ギリシャ北部のテッサリア平野の南東縁にあるアチレイオン遺跡において、1973年の夏、アメリカとギリシャの合同調査隊によって、前・中期新石器時代（8500〜7600年前）の集落跡まで掘り進められた時、白い化粧土のかけられた、変った粘土製の像が見つかった。下部の壊れた円筒形の首部とそこへはめ込むようになっている頭部である。顔は深く長い切り込みの目の位置で幅が広い楕円形で、尖った鼻と小楕円形に穿たれた口が表されているが、その表情

は理解を超える。仮面を付けているようだ。この遺跡から仮面像が他に10点出ているし、この地域の多くの遺跡からも出ている。

　上記の三つの地域の農耕民は、それぞれの伝統間、伝統内において重要な違いがあるにもかかわらず、同じ素材の小像の表現を通して、互いを理解し受け入れる同じ次元で、身体の類似と相違を認識していたようである。

第3節　日本列島

　旧石器時代から縄紋時代への移行を顕著に表わしている遺物で、最も重視されてきたのが土器である。縄紋時代とは縄紋土器の時代の謂いである。土器以外にも、可塑性があり、焼くと耐久性の生じる粘土を素材にして作る土製品は、縄紋時代の遺跡から多数出ている。土偶と呼ばれる粘土製の小（女性）像もその一つである。実は、昔から知られていて、野口義麿によれば、『津軽藩帳日記』の一つである『永禄日記』で、元和9（1623）年の頃に、青森県亀ヶ岡より土器が発見されたことを記述し、その後ろに「青森近在の三内村に小川あり、この川より出でし候瀬戸物、大小共、皆人形に御座候」と記されている。言うまでもなく、縄紋時代の土偶のことで、今の三内丸山遺跡に関連する古い記録である。

　土偶が何に使われたのか、考古学・人類学の揺籃期、明治・大正期に「安産護符」、「地母神」など諸説が出そろったが、今に至るも定説はない。東京帝国大学人類学教室の初代教授となった坪井正五郎が「護符説」を唱え、「信仰上の遺物であり、祭りが終わると破壊される」、という見解を述べたのが明治28（1895）年であった。今日も「故意破損説」を主張する研究者は少なくない。

1.　4点の国宝

　手元に『国宝　土偶展』の豪華なカタログがある。2009年9月10日から11

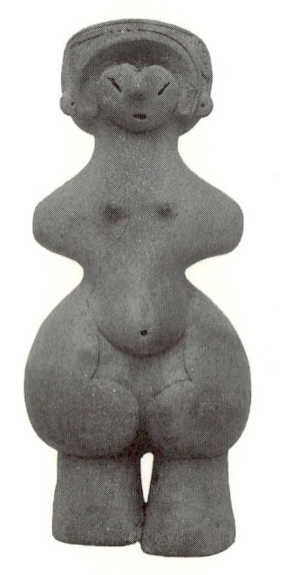

132　第3章　生活世界と超自然界をつなぐ女性像

長野県棚畑遺跡　　　　　北海道著保内野遺跡

図64　国宝の土偶（文化庁 2009）（縮尺不同）　山形県西ノ前遺跡

月22日まで、大英博物館で開催された"THE POWER OF DOGU"展からの帰国記念に、東京国立博物館で開催された際に購入したものである。国宝に指定された土偶は3点であったが、今年（2012）、さらに1点指定されて都合4点になった**(図64)**。その第1号が1995年に指定された長野県茅野市棚畑遺跡出土の「縄文のビーナス」の愛称をもつ土偶である。元明治大学学長の考古学者戸沢充則の命名である。ビーナスは古代ギリシャの彫刻『ミロのビーナス』や、ルネッサンス期イタリアの絵画『ビーナスの誕生』（ボッティチェリ）などで知られる。ギリシャ神話の愛と美の女神である。土偶の造形はこれら女性の理想のプロポーションを追求した美術品とは違って、多くが異貌で腹部など体の特定部位の誇張が著しい。造形的には、第Ⅰ章で取り上げた旧石器時代ヨーロッパの狩猟民が残した「ヴィーナス像」からの連想で「縄文のビーナス」と呼んだのであろう。

　1986年に発掘調査が行われた棚畑遺跡は、南北二つの環状集落から成り、南環状集落の中央広場にある浅い小さな土壙から、顔を西側に向けて横たわった状態で見つかった。頭部の紋様などから中期中葉の初めころに作られ、長らく伝世されて、南環状集落が居住域の主体となる中期中葉以降に、手厚く埋納されたと見られている。

　土偶はほぼ完形に近く、高さ27cm、幅12cm、厚さ9.2cmの大型の立像で、土偶の一般的なイメージを超越したその造形美は国宝にふさわしい。鵜飼幸雄（茅野市尖石縄文考古館長）の記述から、その手の込んだ作りを想像されたい。

　「頭部は被り物を被ったような表現で、細かな文様装飾が施されている。頂部は平らで、中心の凹みから太い線で渦巻文が描かれている。庇状の頭部前面は三角陰刻文へ続く2本の沈線で縁取られている。／右側面は頂部の渦巻文から下がる沈線で区画され、同心円文と三角陰刻文からなり、いわゆる玉抱三叉文の構成である。左側面は耳の上に蕨手状の渦巻文がある。耳の部分は陰刻文で、耳が被り物から出た表現となっている。／左側面から後にかけては、沈線で区画し、後の部分は逆位の蕨手状の渦巻文である。区画のなかは三角陰刻紋

と列点文、下端には沈線で弧状の文様を二つ配している。後の面には上端に低い円形突起がある。突起と接する頂部の端には細く深い小孔を設けている。突起の右側には細線による凹凸をあらわした文様がある。耳は両方とも小さな突起状に表現され、中心に針で開けたような孔がある。／首は太く安定し、なで肩から、先が丸く省略された腕へと続いている。両腕を開いた胸の中央には乳房があらわされ、腹は下方に丸く張り出し、先には孔で臍があらわされている。下腹部には陰刻による対称弧刻文が配されている。丸みのある大きな腰と、平坦な背から続く張り出したハート形の尻は、全体に安定感をもたせており、円錐台状の太い脚で全身を支えている」(『国宝土偶「縄文ビーナス」の誕生・棚畑遺跡』新泉社、2010)。棚畑遺跡からは在地の土器だけでなく、松本平や伊那谷、関東地方などの異系統土器が多数出ており、霧ヶ峰の良質な黒曜石の交換を基盤とした活発な地域間交流があったことが知られる。鵜飼はそうした地域間交流のシンボルとして、特別仕立ての土偶である「縄文ビーナス」が生まれたと、締めくくっている。

　2007年に土偶で2点目の国宝に指定された北海道函館市著保内野遺跡出土の「中空土偶」は、小笠原忠久の報告によれば、馬鈴薯の収穫時に偶然に発見されたものである。その後の緊急発掘調査の際に土偶の出土した真下に、長軸170cm、短軸60cm、深さ25cmの土壙墓と推定された遺構が見つかった。考古学的な諸観察から、土偶は海岸方向に頭位をもつ伏臥姿勢で存在したのではないかと推察された。土偶と一緒に採取された土器片は縄紋時代後期の手稲式土器である。平成18(2006)年、さらに出土地周辺の学術調査が行われ、後期後葉を中心とした集団墓地と複数の配石遺構が築かれていたことが判明した。土偶はほぼ完形に近く、高さ41.5cm、幅20.2cmの大型の立像で、内部は中空である。乳房は直径7.5mmの小さなもので、乳頭とみれば男子像とも見える。その場合、顎から喉にかけてと臍の周りの無数の小円形刺突紋は、髯と体毛の表現ともみなせる。脚部縄紋、腹部、顎部の円形刺突紋などにわずかに黒色漆が残存しており、全身に塗布されていたと推定され、一般に赤色漆を塗

布された土偶と異なる取り扱い方である。①墓への副葬品、②大型の立像、③性的表現の希薄、④精巧な写実的表現と装飾的紋様、⑤黒色漆の塗布が、この像のシンボリズムを解くカギになる。

2009年に3例目の国宝に指定された「合唱土偶」は、縄紋時代後期後葉の集落跡、青森県八戸市風張1遺跡の第15号竪穴住居跡から出土した。報告書によれば、「この土偶は高さ19.8cm、幅14.2cm、頭部の大きさは長さ7.5cm、幅6cmである。座った状態で両膝を立て、両腕の肘と手の中間を膝に付け、正面で手を合わせている。両足とも腿の付け根及び膝と腕の接合部分から破損しており、破損部には多量のアスファルトを付着し補修した痕跡がみられる。眉毛から鼻は隆起帯で作られ、目と口は横楕円形の粘土紐を貼り付け、口の部分には細かい刺突文を施している。沈線紋と0段多条LR・RL充填縄文により頭部の束ね髪や体部の衣服などが表現されているものとみられる。土偶は住居跡の出入口から向かって北壁の壁柱穴の間から出土した。体部の右側面を下に住居中央部を向き、床面から7m（7cm…筆者注）ほど浮いた状態で出土したが、土偶に付属するような施設は確認されなかった。出土時に欠けていた左足部は2.5m離れて西側の床面から出土している」。この住居跡からは他に、深鉢、鉢、注口、壺、浅鉢、単孔、台付浅鉢などの土器類、スタンプ形土製品、鐸形土製品、円盤状土製品と、削器、磨製石斧、磨石、軽石製品などの石器類が出ている。この遺跡では第144号竪穴住居跡から出た「頬杖土偶」（右腕を曲げて左の頬に当てて、左手は右手の肘を支える。縄紋版の"考える人"と表現される）を含めて遺構内から9点、遺構外から32点の土偶が出ている。ほとんどが破損品で、破損部分をアスファルトで補修したものが見られる。体部が残るものは下腹部が膨らみ、妊婦を表現しているようである。

山形県西ノ前遺跡出土の「有脚立像土偶」が4例目の国宝となった。1992年に発掘調査が行われたこの遺跡は、小国川左岸に舌状に張り出した河岸段丘上にある縄紋時代中期、大木8a式土器期を主体にその前後に形成された集落跡である。この土偶は捨て場として利用された、調査区南端に近い自然地形と

考えられる沢状の落ち込みから、各部ばらばらに見つかった。本例は45cmの大きさをもつ優品である。「角柱状の安定感ある太い足の上に、前方にせり出すように作られた腰が乗り、その上には逆三角形で板状の胴部が接合され、扇形に広がった頭部へと続きます。どっしりとした足には、横方向の沈線がほぼ等間隔で並び、下腹部には浅い沈線で五角形の区画を作り、その内部を細かな縄文で、またその外側は直線と曲線を組み合わせた幾何学的な文様で満たしています。／均整よくくびれたウエストには、刺突文でへそを表現し、またそこから上方に『正中線』を細く描いています。両乳房の造形もなかなかに端正です。控えめな突起と、それを縁取るような二重のW字形の線、さらに両肩の部分の小孔が胴部の造形にアクセントを与えています。頭部は3条の線で胴部と画され、広い顔をした頭部へと続いています。／注目すべきは、この顔面部に目・鼻・口など一切の表現がないことです。これほどに奇抜な姿形をきわめた土偶にもかかわらず、なぜ顔面が描かれなかったのでしょうか」(『国宝土偶展』)。縄紋人が抱く超自然の力を具象化した土偶の顔の表現は、一般に人の顔を映すことをタブー視して異貌である。目・鼻・口などを表現しないという方法もその一環であろう。同時に出土した他の45点はすべて破損した状態で、それらは30cmを超える大型、15〜20cmの中型、15cm未満の小型土偶に分けられるが、西ノ前タイプの土偶の多くは20〜25cmに集中するようである。

2. 草創期〜前期の土偶

　世界的な気候変動が何回もあったことが知られてきた。氷期の最寒冷期が1万6500年前のハインリッヒ・イベント1（H1）をもって終わり、1万4500年前頃からの急激な温暖化（アレレード／ベーリング期）を経て、寒冷期の揺り戻しであった新ドリアス期が1200年間（1万2800〜1万1600年前）続いた。この4000〜5000年間の寒暖が激しく変化する気候の不安定な時期が、旧石器時代から縄紋時代への移行期で、草創期と呼んでいる時期である。草創期は土器型式によって無紋土器期、隆起線紋土器期、爪形紋土器期、多縄紋土器期に

大別されている。

　愛媛県上高原町上黒岩洞窟から 13 点の女性を線刻した扁平礫が出ている。隆起線紋土器に伴い、1 万 4500 年前頃のものである。髪、乳房、性的三角形（従来、腰蓑または腰巻と見なされていた）を表現した女性像だと、春成秀爾は言っている。類例は今のところ見つかっていない。

　三重県粥見井尻遺跡の竪穴住居跡から出土した、肩が張った胴部に突起状の頭部をもち、乳房を表現した最古期の土偶は 6.8cm の大きさで、草創期中葉の多縄紋系土器期直前に位置づけられている。2010 年 5 月 30 日に、滋賀県東近江市の相谷熊谷遺跡の竪穴住居跡から草創期（1 万 3000 年前頃）の土偶が見つかった。3.1cm のたいへん小さなものだが、乳房と腰の括れが明瞭で、底が平で立たせるように作られている。首の部分に小穴があいており、粘土か石か木の頭をはめ込んでいたのかもしれない。頭部をあとで付ける土偶は関東地方の早期の遺跡からも出ている。

　新ドリアス期の寒冷気候が終わった 1 万 1600 年前ころから、気温が急激に上昇した。早期から前期へ続く気候の最適期である。原田昌幸（文化庁美術学芸課）は「初期土偶」を草創期～早期前葉の「発生期の土偶」（関東地方の撚糸紋系土器期の木の根土偶と花輪台土偶、近畿地方の押型紋系土器期の大鼻土偶と神並土偶）と、早期中・後葉～前期までの「出現期の土偶」に分けている。木の根型の土偶は高さ 2～3cm 程度の大きさの逆三角形で、頭や四肢の表現を欠く。乳房表現のあるものとないものがある。花輪台型の土偶は〝バイオリン形〟と通称される

図 65　茨城県花輪台貝塚出土のバイオリン形土偶（文化庁 2009）

ように、胴の括れが表現されるようになった。豊満な乳房が表現されている(図65)。原田は「出現期の土偶」においても、関東地方の沈線紋系土器期の庚塚土偶、東北地方の貝殻沈線紋系土器期の根井沼土偶、東北地方の大木式土器期の大木式土偶などを設定して、草創期から前期の顔と四肢の表現のない土偶について、系統的発展と地域性に言及している。早期の土偶は近畿から東海地方の西部、また関東地方の東部に限られ、その類例も 50 例程度にすぎない。これらの頭部や手足の表現を略して、女性の豊満な胴部のみを表現した土偶は、竪穴住居を単位とした家族集団の個々が、家族祭祀(子孫繁栄や安産祈願)の目的で個々に作り、また用いた呪術具と見なされている。

早期から前期にかけて、一貫して温暖化傾向にあったわけではない。氷床コアや深海底コアや花粉分析などによって、ヨーロッパのボレアル期とベーリング期の間、約 8000 年前の前後 400 年間は寒冷期(8.2ka イベント)であったことがわかっている。縄紋土器の研究では、早期の貝殻沈線紋土器や押型紋土器から条痕紋土器への変化が注目されてきた。8.2ka イベント以後、2000 年間にわたって最適期(ヒプシサーマル:縄紋海進期)の温暖な気候のもと、早期後葉から前期の安定した社会が、5800 年前の気候の寒冷化(5.8ka イベント)まで続いた。縄紋土器の研究では、前期から中期への転換期として、円筒下層式土器から円筒上層式土器への変化、あるいは諸磯 C 式土器から十三菩提式土器にかけての時期が注目されてきた。

東北地方中・南部の大木 5 式土器期に、原田が縄紋時代で最初に顔面表現を獲得した土偶と認識した、単純な刺突ながら両眼・口をもつ土偶(宮城県迫町糠塚遺跡出土)が出現する。この時期以降には、頭部の外形が次第に台形状に張り出し、胴部に正中線(妊娠線という解釈がある)を描くもの、表裏に弧線紋や竹管状工具による押引き紋、鋸歯状沈線紋を幾何学的に組み合わせたものなど、変化に富んだ装飾の施される例が多くなる。そして前期の末葉、大木 6 式土器期には、56 点の土偶が出土した岩手県塩ケ森遺跡の土偶を典型とするような、下膨れの胴部に内湾した短い脚が表現された土偶が出現する。私見で

図66 山梨県釈迦堂遺跡出土の前期の土偶（文化庁 2009）

あるが、四肢表現が比較的明確になり、眼・口あるいは眉・鼻の表現をもつ土偶を作るという行為のうちに、縄紋人のイメージを仮託する人体の認識に変化が生じたようである（**図66**）。

3．中期の土偶

近年の地球規模の気候変動に対応させると、「中期の小海退」と言われてきた寒冷期は、先の5.8kaイベント（5800年前の寒冷化）と4.3kaイベント（4300年前の寒冷化）、およびその間の比較的安定した気候の時期であったことが分かる。両イベントに関連する海水準低下に端を発する環境変化が生み出した、人間と自然との新たな関係の構築期であった。東北地方では円筒上層式土器期や大木（8a〜10）式土器期に当たり、青森市の三内丸山遺跡など大集落が各地で営まれた時期である。関東地方では阿玉台式土器から加曽利E式にかけて、中部地方では勝坂式土器や曽利式土器の時期に当たる。

中期になると土偶が急増する。縄紋人の精神史における画期である。たとえば1600点ほど出ている三内丸山遺跡である。1遺跡の出土例としては列島最多である。生態史研究者の辻誠一郎（東京大学）によれば、集落は約5950年前から4150年前ころまで1800年間継続した。当時の植生は、三内丸山集落が成立する前には、ブナを主要な森林構成要素としてもつ典型的な冷温帯落葉広葉樹林であったが、集落の成立と同時に植生は大きく変化し、ブナをもつ落葉広葉樹林は台地上から消滅し、台地上の住居などの施設以外の空間には広くクリ林が成立した。クリは食料としてだけでなく、木材資源としても、また燃料資源としても重要な位置を占めていた。ウルシ製品（漆器）が多数出土しており、ウルシなど有用な木本類がクリと同様に人為的に育成されていたと考えられる。

土偶はこの時期の特徴である板状・十字形を呈し、乳房・臍の表現がある。完形品で出土する場合もあるが、大部分が破片で出土する。土偶の紋様は土器の紋様と基本的に同様な変化をする。中期初頭から前葉は顔の表現が胸部につけられるものが多い。中葉の土偶は十字形で、顔の表現は頭部につき、一段高く表現される。大きさは32.5～3.8cmで、形態もバラエティーに富んでいる。完形品の中で最大の土偶は首のところで意図的に折られているようで、頭部が北盛土から円筒上層d式の土器片とともに、胴部は住居跡の堆積土最上層から出土した。この頭部と胴部は直線距離で約90m離れた場所から出土し、接合した例である。土偶は竪穴住居跡堆積土層、谷に形成された遺物廃棄ブロックからも出土するが、数量的に多いのが盛土からの出土で、全体の約8割を占めている。装飾品を主体とする土製品・石製品の多さとともに、盛土の性格を暗示している。最大の十字形の板状土偶は次のように説明されている。「縄を押し付けて腰部まで縁取られています。前面はボタン状の粘土を貼り付けて乳房とへそを、腰にはパンツ様のはきものを沈線で表現するほか、脚部はほとんど省略されています。本例の頭部には四つの貫通孔がみられ、吊り下げて用いた状態を示しています。後頭部には髪型を思わせる装飾が施されています。ま

た、三角形の顔面は眉を描かず目と鼻を一体化しています。口はやや左側に寄り、大きく開き叫ぶような表情を表現しています。この口から貫通孔が通り、最下部まで突き抜けています」(『国宝土偶展』)(**図67**)。中期後葉の榎林式・最花式土器期になると土偶は激減する。この時期は在地の円筒土器の伝統が薄れ、南の大木式土器圏からの影響を被った時期であり、クリに代わってトチ利用が増えてくるといわれる。

図67 青森県三内丸山遺跡出土の中期の土偶 (文化庁 2009)

東北地方南部より南の中期を特徴づける土偶は「有脚立像土偶」と呼ばれ、次のような特徴をもつ。①頭部・頸部・体部が明確に表現される。②両手は短く幅広で左右に大きく開く。③胸に小さな突起状の乳房がつく。④胴部は厚みのない板状である。⑤胴部中央に縦に正中線が表現される。⑥腰は左右に膨らみ、尻が後方に張り出す。⑦脚は太く短く、長大な足がつく。有脚立像土偶は腰以下を肥厚させて重心が低くなるようにし、合わせて太い脚と大きな足によって、直立安置できるようになった。顔面は前葉には表現のないものが目立つが、中・後葉になると逆三角形ないしはハート形が多く、次いで楕円形が多い。鼻・眉は粘土紐を貼り付けてT字形に表現し、眼・口は刺突によって表すことが多い。中期の全期間を通して、甲信越地方を中心に、青森県を除く東北各県、富山県を除く北陸各県、関東地方西部などに分布する。前葉には宮城・福島県域と甲信越に分布の中心があり、南東北に発生して北陸を通じて南に広がったと見なされている。中葉になると分布県が拡大するとともに、遺跡数・個体数も増加する。甲府盆地から八ヶ岳山麓、諏訪・松本・伊那地方に分布の核があり、長野県北部から新潟県にかけてもう一つの分布の中心がある。後葉になると、関東地方や山梨県では見られな

くなる。全般的に減少する中で、新潟県では逆に充実してくる。長野県南半から岐阜県にかけて、臀部が大きく張り出した「出尻土偶」が盛行する。

4例目の国宝となった西ノ前遺跡出土の土偶を典型とする中期大木式土器期の出尻形有脚立像は、山形県の内陸と宮城県南部域を中心に分布している。山形県で10数遺跡100個体以上、宮城県で10遺跡前後約70個体前後、福島県で15遺跡約50個体前後が知られている。

谷口康浩（国學院大學）が「勝坂系土偶伝統」と呼ぶ立像形土偶は、北陸方面からの影響で五領ヶ台Ⅱ式土器期に八ヶ岳西南麓から甲府盆地にかけての地域で成立し、西は伊那盆地や松本盆地、東は関東南西部に分布する「棚畑型」（先に言及した国宝の「縄文ビーナス」はこのタイプの優品）に始まり、勝坂式土器期を通して「板井型」として発展した。勝坂式土器期が終わり、その分布圏の地域ごとに土器が曽利式土器、加曽利E式土器、唐草紋系土器、伊那谷系土器に替わった中期後半になっても、地域ごとに多少の変化を見せながらも同じ系統の土偶が作り続けられた。

4. 後・晩期の土偶

約4300年前の急激な寒冷化（4.3kaイベント）が中期から後期への文化的・社会的変化に関連し、約2800年前の寒冷化（2.8kaイベント）が縄紋時代から弥生時代への移行と関係していたと思われる。この二つのイベント間の約1500年間が後期と晩期に当たる。気候は冷涼であったが、それなりに気候の安定を反映して、後期末の土器型式から晩期初頭の土器型式への変化はスムーズである。ただし、冷涼な気候下で植物性食料の生産量が減ったため、たえず社会の安定化が図られ、そのためより複雑な文化的・社会的装置を必要とした。いわゆる「第2の道具」が多出した。したがって、後期と晩期の文化や社会のあり方は中期とは対照的になった。土偶も形態（ポーズ）、特に頭部・顔の表情の表現が比較的狭い時空間において多彩になっている（**図68**）。

東北北部の円筒式土器圏で例外的に土偶が作られ続けたほかは、中部高地か

第3節 日本列島　143

群馬県郷原

長野県中ッ原遺跡

神奈川県稲荷山貝塚

茨城県椎塚貝塚

埼玉県真福寺貝塚

福島県上岡遺跡

図68　縄紋時代後期の土偶（文化庁 2005）（縮尺不同）

ら東北地方南半にいたる広い地域で、後期初頭の称名寺式土器の並行期には土偶の製作が認められない。土偶は一般に土地、言い換えれば、定住的な集落・住居と関連した遺物であって、中期末から後期初頭は気候が不安定になったことに伴い、集団が頻繁に移動を繰り返していたためであろう。なお、北緯40°以北の東北地方北部は、縄紋時代から長く近世にいたるまで独自の伝統を形成した地域である。

　後期前葉の堀之内式土器期になると、顔面の作りから「ハート形土偶」と呼び習わされた土偶が現れた。ハート型土偶は、ハート形の顔が顎を突き出してやや斜め上を向き、腕は水平に上げた肘から先を垂下させ、脚をO脚に張り出す形態を特色とする。宮城県南部、福島県、そして栃木県と茨城県の特に那珂川流域に分布する。東北南部の中期後葉・末葉の「板状単脚土偶」との系統関係は不明だが、上野修一（栃木県立博物館）は福島県郡山市向田A遺跡出土の（「向田A・第2系列」）土偶にその遡源を見ている。次第に関東地方北部から中部高地方面にまで分布を広げている。そしてその地で「仮面土偶」に変容したと考えられている。ヘルメット状の頭部の前面に、あたかも仮面を被せたような別作りで板状の顔面が取り付けられている。ハート型土偶がスリムな胴体であったのに比し、仮面土偶の体部は、その地の中期の土偶のように、胴体と両脚は中空でどっしりしている。また、股間の女性器が明瞭に見て取れる。縄紋人は異貌の土面も残しており、仮面土偶の顔面表現も人間の顔の写しをタブー視していた証である。同時期の南関東には「筒形土偶」と通称される土偶が分布する。筒形土偶は手足を表現しない円筒形の中空の胴体の上端に皿状の顔をのせる特異な形態である。ハート型土偶と類似の眼・鼻・口が付けられている。

　後期中葉の加曽利B式土器期は比較的安定した土器型式が広範囲に影響を及ぼした時期である。明治期以来「山形土偶」と呼ばれてきた土偶が、東北地方南部から関東地方を中心とした東日本に多数出土している。南東北からの影響の下に、霞ヶ浦沿岸や印旛・手賀沼周辺といった、古鬼怒川流域の集団がその

成立に関与したといわれている。名称は三角形状の頭部形態に基づくものである。後頭部の円形状の突起を特徴とする。両眉と鼻・口が小さな粘土紐か粘土粒の貼り付けで表され、突出した乳房と大きく膨らむ腹部、そして正中線(妊娠線)が強調されている。人体を模したような胴体だが、四肢は小さく粘土の円柱を取り付けた作りに変化する。

　後期後葉の安行式土器期になると、「ミミズク土偶」が登場する。ミミズク(フクロウ)を思わせる顔面からの愛称である。上野修一によれば、山形土偶の時系列的な変化に伴い、印旛・手賀沼周辺の地域でミミズク土偶への変化が顕著になった。それまでは口の表現法であった円盤状の粘土の貼付で目まで表現されるようになる。さいたま市真福寺貝塚出土の優品は顔面が隆帯でハート形に縁取られ、耳には大きな丸い耳飾りを着け、頭頂部のたくさんの突起は結った髪型や櫛をさした状態を表現していると推測されている。なお、上野修一は東北地方の晩期中葉の「結髪土偶」に関してだが、「モデル無しに新たな造形を製作するのは極めて困難なことですので、頭髪の表現などはある程度、当時の姿を反映している可能性が高いのではないでしょうか。土偶というもの性格をふまえるなら、そこに表現された結髪の姿は日常生活のものではなく、呪術者(シャーマン)などの姿を写したものだと考えられます」、と述べている。一方、全体に角張った形状化が進んだ胴部では、乳房の上半部に施されていた平行線が隆帯に変り、肩と乳房を結ぶように変化している。大宮台地から古東京湾沿岸地域が分布の中心になる。この時期以降の土偶には、赤彩の痕跡が認められる個体が多く、全身が真っ赤に塗られている場合もある。

　晩期の土偶を代表するのが「亀ヶ岡文化」の代表的な遺物である「遮光器土偶」である(**図69**)。この土偶の特徴は顔面いっぱいを占める眼鏡状の輪郭に一本の横線が引かれた眼の部分にあり、愛称の由来は、東京大学人類学教室の開設者の坪井正五郎が、英国留学中に大英博物館で実見した極北民族が使っている「雪中遮光器」に対比したことに始まる。しかし、顔面の表現が次第にデフォルメされて目が強調された結果として、私たちが見るような眼の表現に

図 69　縄紋時代晩期の遮光器土偶（小林 2008）
　　　　宮城県恵比寿田遺跡出土（36 × 21 cm）

なったことが明らかになっており、現在は土偶に当時の風俗の写実的表現を読み取る人はいない。「王冠土偶」とも呼ばれるように、頭部の装飾は王冠をつけたようである。しかし頭部も簡略化し、王冠も消えてしまう。遮光器土偶は明治期以来、最も親しまれてきた土偶で、人気アニメ映画『ドラえもん　のび太の日本誕生』にも登場している。

　東北地方の晩期の土器は、大洞B式→大洞BC式→大洞C1式→大洞C2式→大洞A式→大洞A'式と変遷する。遮光器土偶は大洞B式土器期に現れるが、土器型式に比べ後期末に直接的な祖形を探るのが困難である。出現後には土器型式の変遷に応じた変化を見せている。大洞BC式から大洞C1式へ変るころに造形の完成期を迎え、典型的な姿かたちを見せる。ごく薄手の作りで、頭部から続く空洞は手足の先に及ぶ。緻密な土質は固く焼き締まり、磨き上げたよ

うに黒色の光沢がある。紋様も繊細で、磨消縄紋と羊歯状入組紋をうまく配合し、全身を装飾化している。その後、球形に近かった頭部が横に広がって扁平となり、胴体が縦に伸びてスリムになって、さらに両脚が大きく左右に張り出す形になる。大洞Ａ'式土器期に、細かな刺突を加えて装飾された土偶が出てくるが、もはや遮光器形の眼部表現は消えている。「遮光器系土偶」は関東甲信越から遠く近畿地方にも分布し、「亀ヶ岡式土器」とともにその影響力の広さを示している。

　縄紋時代の土偶は弥生時代になって、土偶形容器に変容してその終焉を迎えた。土偶形容器は縄紋時代終末の「顕面土偶」・「有髯土偶」の系譜をひく、男女一対の偶像である。設楽博己（東京大学）によれば、男女一対の観念は農耕文化複合の一環として日本列島にもたらされ、木偶や石偶など弥生時代の西日本の偶像に表現された。その社会的意味が東海地方西部において縄紋土偶に取り込まれ、縄紋土偶に男性像が加わって、一対の男女像が成立して土偶形容器になったのである。土偶形容器の古い段階では女性像が大きく、乳房を表現しているのに対して、新しくなると男性像が大きく作られ、女性像の乳房が欠落していく。これは当初、縄紋時代の女性原理が勝っていたのが、弥生時代の男性原理が台頭してきたことを示唆している、というのである。

第4節　土偶とは何か

　すでに明治時代の初めに、白井光太郎が「貝塚より出でし土偶の考」（1886）の中で、その使用目的を「第一　小児の玩弄物として製作し、第二　神像として祭り、第三　装飾となしてこれを帯びたのではないか」との憶測を述べていた。いくつもの説が出そろい、ステレオタイプ化していた時、一石を投じたのが野口義麿（元東京国立博物館）で、土偶そのものに加え、出土状況に注意を向けて「特殊な遺構から発見された土偶」を、17遺跡21例集め紹介した（『日本原始美術』2、講談社、1964）。土偶に対する興味・関心の高まりを受け、そ

の機能の解釈の方法（論）を探る動きが生じてきた。

1. 梅原猛の憶測

　土偶研究においても、日本考古学の伝統的研究分野である型式学と編年学のための分析的記述が、いまだ中心にある。そうした考古学者の研究動向にあきたりない有識者が、土偶とは何かと問う。考古学者が解釈に対してもつ消極的な態度に対し、日本の基層文化、伝統文化を論じる人の中に、反考古学的感情を抱く傾向がある。

　梅原猛（元国際日本文化研究センター所長）がその代表的な存在である。「異形なるもの、非日常的なもの、これらは縄文人の精神世界に深い関わりがある」、との基本的な視点をもつ梅原は、「哲学者であり、作家であるという特権をいかして」、土偶の謎に挑戦する（『人間の美術１　縄文の神秘』学習研究社、1989）。①土偶は女性である。②土偶は子供を孕んだ像である。③土偶は腹に線がある。④土偶には埋葬されたものがある。⑤土偶はこわされている。梅原が恣意的に選択したこの五つの条件から、土偶はおもちゃや装飾品ではないという。また丁寧に埋葬されることは神像にあるまじきことであり、まして頭や手足をもぎ取られて廃棄されるということは、神像の尊厳を否定するものであるから、神像説にも与することはできないともいう。女性で妊娠していて腹に真一文字の縦の線がはいっている点は、ただの呪物説では説明できない。つまり土偶が呪物であるにしても、それは特別な用途をもった呪物であると考えなければならない。丁重な儀礼でもってあの世へ送るアイヌの人たちと同じように、霊送りの行事を行っていた縄紋人にとって、生まれてくる子供は祖先の生まれ変わりである。胎児の霊はただの胎児の霊ではない。それは祖先の霊が再生した例なのである。祖先の霊を母親の胎内に閉じ込めてむなしくさせたら、それはたいへん恐ろしいことになる。死んだ母親の腹を裂き、その胎児を取り出し、あらためて埋葬し、その霊をあの世に送り届けねばならない。土偶の埋葬、あるいは廃棄の儀式が行われたのか分からないが、このような死と再生の

儀式と深い関係をもっていた。これが梅原の憶測である。土偶は死者（出産時に死んだ母親）を表現した像だ、というのである。

2. 地母神像説

梅原説の当否は別にして、以前から知られていたのは、新潟県栃倉遺跡第1号住居（10.4 × 8.6mの卵形）跡内出土の土偶の状態である。径26cm、深さ51cmの、木炭片の混在した黒褐色の腐食土が詰まった穴の中央に、頭部と両腕を欠損した土偶が、垂直に倒立したまま埋没していた。穴の壁の上方には、内面に朱を塗った無紋土器片8点が土偶を取り巻いて貼りつけられ、また倒立した土偶を支えるような格好で土器の口縁部破片がそろえてあった。同じ竪穴内の東壁に接して長径23cm、高さ7cmの上面を磨いた扁平な砂岩が置かれ、そのほぼ中央に頭部と腹部以下を欠損した土偶が、上を向いた姿勢で見つかった。台石の表面は丹を塗られ、側面には黄色味を帯びた彩色の跡が残っていた。炉址の西北側に長さ1.2m、高さ5cmの灰褐色の粘土塊があり、上面が平滑なこの土壇状の盛り土の上に、土偶の胸部と右手も見つかった。「土偶祭祀」を示唆するこの種の遺構が少なからず知られており、「縄文中期農耕論」や「照葉樹林文化論」（「稲作以前」に東南アジアや南島と類似の畑作が縄紋時代に行われていたと論じる）が盛んに言われたころ、一部の考古学者や関連分野の言論人によって、鳥居竜蔵（1870-1953）を嚆矢とし、坪井清足（元奈良国立文化財研究所所長）が1962年に言及した地母神像説と結びつけて解釈されるようになった。

坪井の主張はこうである。土偶はその役割をはたした後に破壊され、土偶のもっていた神の生命はいったん喪失する。完形あるいは破壊されたものが石囲いの中に埋められることは埋葬を意味している。また、妊娠の状態を表す土偶や、甕の中に納められていることは、母の胎内にある新しい生産力を表すものである。とすれば、これは農耕文化に広く見られる地母神信仰の祭式と強い類似性を示している、と。

在野の考古学者藤森栄一(1911-1973)は、故郷の八ヶ岳南西麓に分布する縄紋時代中期の集落跡が、弥生時代の農耕村落に劣らない規模と遺物の内容をもつことから、狩猟採集民の遺跡ではあり得ないと考え、『縄文農耕』(学生社、1970)を書いた。縄紋中期農耕論者の藤森は、そこで土偶が豊穣を祈る地母神像だと考えたのである。中期の土偶は作られて、こわされて、主体部は祭られても、その他の体躯の各部は不特定な床下、屋根、柱穴などにかくされたかもしれない。はじめから毀されていること自体に意義があるというのは、もうどこへもいけない状態で密かに祭られていたというのが当たっている。それは、ちょうど『記紀』のウケモチノカミ、ワカムスビ、オオゲツヒメなどとして描写されている農耕創始の、女神の虐殺された死体の穴から、五穀・食品の産まれてくるケースと全くおなじである、と。

　藤森の弟子で、長野県史編纂に携わった桐原健は、長野県内の中期に限定してのことであるが、土偶は毀されて後、一括処分はされず、意識して不完全な状態、完全復元され得ぬ状態で埋納された、と見なしている。産む力を有する女性精霊を、竪穴の住人が殺し、復活を許さずに埋葬あるいは遺棄する行為には、子の誕生を母の死で表す意味があった、と解釈する。

　他方で、水野正好(奈良大学名誉教授)は、土偶は女の、それも「母」にかかわる分野(母となるべき女・子供をやどす女・子供を育てる女)での形が与えられたもので、そして「産む女」に死を与えることによって若子の誕生、母の再生の契機とした、と見なした。つまり土偶は「毀たれるための生」を表現したものである。水野は受胎、死、再生といった輪廻をもつ「土偶祭式」を想定し、壊された土偶、すなわち殺された土偶が一種の畑みたいなものがある山や丘の中、村のあちらこちらに撒かれた、と述べた(『日本の原始美術5土偶』講談社、1979)。水野説を実証するかのように、山梨県釈迦堂遺跡の発掘調査で出土した中期のおびただしい数の土偶破片出土状況や破損状況が報告され、調査者の小野正文によって「分割塊製作法」が唱えられると、にわかに「故意破損説」が注目を集め、1980年代には定説化したかのようにもてはやされた。

第4節 土偶とは何か　151

　こうした考古学者の説に共鳴した神話学者の吉田敦彦（『縄文土偶の神話学』名著刊行会、1986）は、ニューギニアやメラネシアで語り継がれる「ハイヌウェレ型」神話（死体化生型の作物起源神話）との共通性を指摘し、中期以後の縄紋文化とニューギニアやメラネシアの「古栽培民」文化との著しい類似を見ようとする。縄紋時代中期以降、土偶に表現された女神は、土偶がしばしば妊娠の状態を表わす形に作られていることからも明らかなように、産むことを機能の本質としていた。そして自身の身体から作物を発生させることでその産む母神としての機能を果たすために、この女神は何度となく無残な取り扱いを受けて殺され、死体をばらばらに分断されて撒かれなければならぬと信じられていた。土偶は破壊され、ばら撒かれなければならなかった。しかもこのような土偶とともに、はっきり男根の形を模したものが多い石棒を作り、それを祭祀の中で用いることによって、当時の人々は、またおそらくニューギニアの古栽培民のあいだに現在でもはっきりと見いだされるように、精液の力に対する信仰に従って、土偶の女神が産出の機能を果たし得るためには、石棒によって表わされた男根の寄与が不可欠であることを表明し、土偶の女神と石棒を何らかの形で祭祀的に結びつけていたと想像される、というのである。古栽培民の文化に近い文化が行われ、里芋などの芋が主作物として栽培されると同時に、その芋などの起源が、ハイヌウェレ型の神話によって説明されていたとすれば、民俗例で月の祭りが里芋を中心とする畑作物や果実などの収穫祭であった痕跡が明瞭に見られるのは、従って、縄紋時代中期まで遡るきわめて古い信仰の名残ではないか、ともいう。

3. 考古学者の近年の取り組み

　土偶は何かということについては、明治以来の本質主義的接近法をとる研究者が多く、主観的な解釈が行われてきた。幸いに、「土偶とその情報研究会」がシンポジウムを重ねて収集したデータが、『土偶研究の地平』4冊にまとめられて出版されている。これまで積み上げられてきた「モノの研究」の理解を

さらに深めるために、土偶が作られ、使われ、壊され、捨てられた状況を、より広く考古学的コンテクスト中に探ることができる。まずは、考古学者の常套手段である土偶の「型式学・編年学」研究を一瞥しておいたわけである。

その一方で、発掘事例の増加に伴い、土偶の機能の解釈法を意識した分析研究も進みつつある。土偶は何を表現しているかを問い、乳房や腹部や性器など象徴的な部位に伝統的テーマ（神性）を探るだけでなく、頭部の造形や体のポーズに関心を示す。例えば、後期後葉から晩期中葉にかけて、東北地方、特にその北半部に見られる「腕を組み立膝する土偶」、「座せる土偶」などと呼ばれてきた類の土偶を、宗教学者の磯前順一（国際日本文化研究センター）は「屈折像土偶」と呼んで、「豊饒的な母性性」の表現と解釈した。これに対し、栃木県藤岡神社出土の「屈折像土偶」の股間に赤ん坊の顔が表現されていることを根拠に、渡辺誠（名古屋大学名誉教授）は出産のポーズだと確信している。渡辺の見解を継承する吉本洋子（日本考古学協会会員）は、青森県から長野県まで、中期から晩期までの34遺跡、42例を集成し、「水野説のように、女神として壊されて（死）、再生を願うという役割を果たす土偶が、死と再生という同じ目的をもち、祭祀に使われた後、底を抜かれたところの、人面・土偶装飾付深鉢土器と分布が一致するのはきわめて当然のことである。すなわち座産土偶の目的は、水野説の妥当性を一段と明らかにするものといえる」、と結論づけている。

最近は誰も口にすることが少なくなったプロセス考古学（欧米ではその方法論が常態となっているからだが、日本ではポスト・プロセス考古学者によって批判された時代遅れの考古学と思われている）ではあるが、プロセス考古学に特徴的であった機能-構造主義的接近法をとる私の恩師、渡辺仁の場合、ヨーロッパの旧石器時代まで視野に入れた土偶の系譜学と、民族誌的情報を駆使した土俗考古学の方法に基づいて、「産すなの女神」と結論づけた（『縄文土偶と女神信仰』同成社、2001）。

土偶を女性像とか母神像とか決めつけることに反対し、土偶すなわち女性原

理と見なすことにも疑義を挟む研究者もいる。国学院名誉教授の小林達雄もその一人である。土偶は縄紋人の世界観の中に生きる精霊（スピリット）をヒト形に造形したもので、縄紋人の祈りや願望を実現するための「第二の道具」の代表例である、と言っている。そして破損状態での出土が多いのは、縄紋人が呪術的儀礼行為を通じて積極的に毀したものであり、毀されるべき部位で、目論見どおりに毀すことができるように、予め製作時にそれらの部位で接合していた（「チョコレート分割」）、と主張している。小林説に見合う事例は少なくないが、そうではない土偶も同じく多い。浜野（小野）美代子（埼玉県埋蔵文化財事業団）のように、土偶は故意に破損されていたという結論を導き出しながらも、その後、それまでの土偶研究が、「各遺跡の詳細な分析のもとに展開されているものは少なく、報告書を自説に都合の良いように使っているものが多い」という反省に立って、あらためて後・晩期の土偶が113点出土した埼玉県赤城遺跡における土偶の出土状態を検討して、「壊される土偶」を検証することはできない、と結論づける研究者もいる。

4. これからの課題

おそらく縄紋人の独創的なアイディアを形象化した土偶は、彼らがそこに込めた"共同幻想"を理解するための第一級資料であう。土偶は単に女性の体を模して作られたものではない。その共同体が、また個々の構成員が、超自然の力をどのように見ていたか、彼らのイデアが造形に反映されていると同時に、ジェンダーに対する社会的対応が含意されているはずである。縄紋人の生活世界とその中での身体性をも考える必要がある。身体は社会的紐帯を創り出し、生活世界を秩序立てて理解するためのメタファーである。身体観は認識、コミュニケーション、シンボル、社会的交渉などを構成する原則となる。身体各部（乳房・お腹・お尻）への目配りや男女性器の描写は豊饒性の具体的表現であって、性（人体）の不思議さへの関心を表明しているかもしれない。しかし表情や体部の装飾に関心を集中した例も少なくない。いや、縄紋土偶の特徴はそこにこ

そあるのかもしれない。立像だけでなく坐像もある。いろいろなポーズも見られる。そうした多彩な表現は何を意味しているのか、そこが知りたいところだが、土偶の研究者間にようやくそうした関心が生じてきたところである。

　先に見たように、土偶の造形は地域文化に深く根ざしている。土偶一般の普遍的な機能ということはない。自然条件や経済・社会条件に応じた、また個人や世帯あるいは集落共同体としての能力や欲望や必要性の違いに応じた、土偶のあり方の違いは当然あったであろう。原田昌幸（文化庁）が特定の遺跡や地域から出土した数多の土偶における「型式」設定を進めている。土偶研究は技術形態学的な分析と出土状態に関する詳細なコンテクスト解析を越えて、土偶とその製作の意味、つまり縄紋人の"こころ"へと分け入る時期に来ている。同じ形態の像がある時期・ある地域で繰り返し作り続けられた意味、身体の解剖学的プロポーションを不自然にゆがめて表現しているのは何故か、ものの見方と自然界にないモノとを不自然に結び付けているのは何故か、この"誇張"と"変形"が土偶に特異な性格を与えている。生活世界を取り巻く諸状況のコントロールが、個人・世帯・共同体の力の限界を超えたとき、呪術・信仰の領域に依存した、その結果の遺物なのであろうか。一方で、共同体内に共有されるコスモロジーや世界観（共同幻想）を物象化した土偶、他方で、地域社会で営まれる特殊な活動を理解するための分析道具である土偶、この両面からの縄紋人の＜認知-活動-道具＞システムの解釈作業はきわめて複雑なものとなるであろう。物質文化に関する方法論（象徴考古学・認知考古学）の研鑽が求められている。

付章　気候変動と人類の進化

　気候変動は地球の公転軌道の変化によって引き起こされる。離心率の変動に応じて10万年周期で起きるだけでなく、地軸の傾きの変動によって4万1000年周期でも起き、さらには地球の歳差運動によって2万3000年と1万9000年の周期でも起きていることがわかっている。

　氷河期がどうして始まったかはまだ十分に説明されていない。250万年前頃、鮮新世の温暖で穏やかな気候から20万年足らずの間に、氷河期に入ったようである。過去250万年の間に50以上の氷期があったことがわかった。さらに、氷期・間氷期のサイクルは、250万年前から100万年前までは4万1000年周期で起こり、100万年前からは10万年周期で起きていることも判明している。この気候の変化は「中期更新性の気候大変動」と呼ばれている。100万年前より前の間氷期の中で、直近の5回の間氷期と同程度の温かさとなったのは、110万年前、130万年前、220万年前の3回だけである。100万年前以降の気候の記録は「のこぎりの歯」のような形になっており、氷期に入るまでの寒冷化が8万年もかかっているのに対し、間氷期に向けた温暖化が4000年足らずで終わっている。50万年前以降に起きた5回の間氷期（およそ42万年前、34万年前、24万年前、13万年前、1万2000年前）には、大気中の二酸化炭素が相対的に増加したこともわかっている（図1参照）。

　ノアの大洪水を暗示した「洪積世」に替わって、地質学で「更新世」と呼ばれる気候変動の激しかった氷河期を生き延びて、人類は進化を遂げてきた。スタンリー・キューブリックの傑作SF映画「2001年宇宙の旅」の冒頭は、美しい夜明けのシーンで始まる。まさに人類史の夜明けである。とりわけ驚かされたのは、"猿人"が手にした骨（器）で大型動物を打ち倒す自らのイメー

ジに荒振って、その骨を天空高く投げ上げた瞬間に、骨器が一転して近未来の技術の粋を集めた宇宙船へと姿を変えるシーンである。何度見てもすばらしい。ただし現在であれば、猿人が手にし、天空に投げ上げるのは、骨器でなく最古の石器がふさわしい。映画では一瞬で描かれた人の技術の進歩は、考古学から見れば、氷河時代のおよそ260万年間の出来事になる。

　今日では、ヒトとチンパンジーが共通の祖先から進化したことは広く知られている。進化論を唱えたチャールズ・ダーウィンが『人間の進化と性淘汰』(1871)の冒頭で次のように述べた。「本書が目的とするところは、まず第一に、人間も他の種と同様、それ以前に存した何らかの形態のものに由来するのであるのかどうかを考察し、第二に、それがどのように発展してきたのかを考察し、第三に、人種と呼ばれているものの間の違いの重要性について考察することである。私は、これらの課題に論点を絞るつもりなので、人種の間の違いの詳細については、立ち入る必要はないだろう。これは、それ自体非常に大きな問題であり、すでに多くの貴重な研究で十分に論じられてきている。人間の歴史が非常に古いものであることは、近年の、ブーシェ・ド・ペルト氏 (M. Boucher de Perthes) をはじめとする多くの偉大な人々の業績によって示されているが、このことは、人間の起源を知るうえで欠かせない基盤である。そこで、これはもうすでに明らかなものとし、読者には、チャールズ・ライエル卿 (Sir Charles Lyell) やジョン・ラボック卿 (Sir John Lubbock) その他の人々の素晴らしい研究を参照するようにと言うにとどめるにしよう。人間と類人類との違いがどれほどであるかについても、ほんの少ししか述べる機会を持たなくてもすまされるだろう。最も確かな眼を持った人々の意見によれば、観察することのできるどんな形質においても、人間と類人類の違いが、同じ霊長目の仲の最も下等なメンバーと類人類との違いよりも小さいことは、ハックスレイ教授 (Prof. Huxley) がすでにはっきりと示している」（長谷川眞理子訳、14頁）。

　ダーウィンが言及しているブーシェ・ド・ペルトは、ソンム川流域の「洪積世層」中から絶滅動物の化石に伴って石器が出る事実を確認して、『ケルト族

および大洪水以前の古物』(1847) を著した、"先史学の父"と称えられている人物である。また、ジョン・ラボックは『先史時代』(1865) を著して、歴史をはるかに遡る石器を使っていた時代を、打製石器の旧石器時代と磨製石器の新石器時代に二分したことで知られる。

ダーウィン主義に基づいた進化論者スティーヴン・ジェイ・グールド (1941 – 2002) が、ナイルズ・エルドリッジとともに断続平衡説 (生物の種は急激に変化する期間とほとんど変化しない静止期間をもち、漸進的でなくて突然の飛躍的な進化をするという説) を唱えた。ヒトの進化の初期の段階に少なくとも三つの主要ステップが見られたと言われている。それらはアフリカ大陸における気候変化の時期と関連づけられる。後期中新世の 800 万年前以降、おそらく極地での氷床の成長によって、アフリカでも他の地域と同じく気候が涼しくなり、雨が少なくなった。鮮新世に入った 500 万年前ころに地球の寒冷化がさらに強まると、森林が減ってサバンナと木がまばらな地域が増えたのに伴って直立二足歩行が発達したと考えられている。250 万年前に氷河時代が始まると、ホモ属が出現した。最古の石器 (オルドヴァイ石器群) がこの頃に当たっている。およそ 180 万年前、さらに厳しい乾燥化があって、東アフリカ一体に C4 草類 (高温・乾燥・強光下・貧窒素土壌で一般的な C3 植物に比べ有利に生育) の景観が広がった。この時期にホモ・エルガステルが出現し、やや遅れて両面加工のハンドアックス (もっと先の尖ったものはピック、平たいものはクリーヴァーと呼ばれる：アシュール石器群) が登場したのである。

第1節　サルからヒトへ

1. 最古の化石人骨

350 万年前より古い人類の化石は非常に少なく、人類の起源については類人猿と遺伝的にどの程度の違いがあるかに基づいて推測されることが多い。最近ではヒトとチンパンジーが共通の祖先から別れたのが 600 ～ 500 万年前頃と見

なされている。両者の DNA はわずか 1.2％しか違いがない。共通の祖先は後期中新世の温暖な気候の森林で生活していたが、共通の祖先から分かれた後にそれぞれの種が独自の歩行法、つまりナックル歩行と直立二足歩行に進化していったのである。チンパンジーがしゃべれないのは咽喉と喉頭の構造が私たちと異なっているからである。チンパンジーはシンボルやキーボードを使って、ヒトやチンパンジーと「話す」ことができるということがわかってきた。

　人類の歴史がたいへん古いことは化石の記録によって裏づけられている。1930 年代からタンザニア北部のオルドヴァイ渓谷で発掘調査を行ってきた古人類学者のルイスとメアリーのリーキー夫妻が、1959 年にジンジャントロプス（現在はパラントロプス属）・ボイセイの頭骨化石を発見した。続く 2 年間に、同じ層の Bed Ⅰ とその上層の Bed Ⅱ から、さらに進歩した頭蓋骨片を含む人類化石を発見した。ホモ属（ヒト属）の古人類を初めて発見した。道具の製作能力があったという理由で、1964 年にホモ・ハビリス（器用なヒト）と名付けられたこの人骨化石は、上下の火山岩層を新しいカリウム・アルゴン法で年代測定した結果、175 ± 20 万年前の年代値が出て、人々を驚愕させた。

　最近では、中央アフリカのチャド湖近くのトロス・メナラ遺跡で 2001 年に発見されたサヘラントロプス・チャデンシスの頭骨（愛称は現地語で「生命の希望」という意味の"トゥーマイ"）が、チンパンジーよりも人に近縁であることを示していた。理化学的な年代測定用の資料を欠いていたが、伴出した動物化石類から推して 700 万～600 万年前、最古の人類化石の位置を獲得した。調査隊を率いていたフランスのポワティエール大学のミシェル・ブルネは、この発見で一躍有名人の仲間入りという栄誉を手にした。

　この他のたいへん古い時期の化石骨として、2002 年にケニアのバリンゴ盆地で見つかった大腿骨化石（オロリン・トゥゲンシス：約 600～580 万年前）がある。直立二足歩行の証拠をもつと主張されている。

2. アルディピテクス属

　カリフォルニア大学バークレイ校の古人類学者ティム・ホワイトが率いる「ミドルアワシュ調査プロジェクト」の国際調査隊の一員である東京大学の諏訪元が、1992 年にエチオピアのアラミス遺跡から臼歯を見つけたのがきっかけとなって発見された、アルディピテクス・ラミダス（ラミダス猿人）は、440 万年前の成人女性（"アルディ"）の化石である。15 年間の長期にわたるこの化石骨の復元・分析作業と古環境の復元作業の結果が、2009 年 10 月に米国の科学誌『サイエンス』に発表された。諏訪が CT（コンピューター断層撮影）技術を駆使して復元した頭骨の解析を含む。ラミダス猿人はサヴァンナ景観を歩き回っていたのではなく、樹林の中を生息の場としていた。ナックル歩行をするチンパンジーと違って、木の枝を握れる手のような形の足で二足歩行していたことがわかった。小さな犬歯と直立二足歩行から、彼らの社会的な行動が推測されている。つまり、雌をめぐって雄同士が大きな犬歯で相争うのではなく、雌が特定の雄に定期的なセックスを提供する代わりに、雌とその子のためにその雄は遠くに出かけていって食べ物を調達する、そのような一雌一雄関係にあったというのである。2004 年にはエチオピアのアサ・コマ 3 区の 580〜520 万年前の堆積層からアルディピテクス属の新しい化石、アルディピテクス・カダバが見つかった。ラミダスとの系統関係は不明である。

3. アウストラロピテクス属

　南アフリカのレイモンド・ダート（1893 - 1988）が、「タウング・チャイルド」として知られるようになる古い頭骨を、科学雑誌『ネイチャー』に発表したのが 1925 年であった。ダートは大後頭孔の位置から、後にアウストラロピテクス・アフリカヌスに分類されることになるこの猿人が直立二足歩行をしていたと主張した。権威者たちの疑念を浴びたが、その後の数十年間、特に 1940 年代と 1950 年代にステルクフォンテイン、クロムドゥライ、スワルトクランズなど南アフリカの洞窟で、この種の猿人（300 万〜200 万年前）の化石

骨の発見が続いて、二足歩行の人類の祖先であるというダートの主張が大筋で正しかったことが証明された。

1973年になって、ドナルド・ジョハンソンとそのチームはエチオピアの大地溝帯北端で大発見をした。発見時にキャンプで流されていたビートルズの曲'Lucy in the Sky with Diamonds' にちなんで「ルーシー」と愛称されたこの320万年前の女性人骨は、全身の40％が残っていた。一個の歯の発見でも大騒ぎとなるこの分野では、正真正銘の大発見であった。発見が続いたこの種の化石人骨はアファール地方にちなんでアウストラロピテクス・アファレンシス（アファール猿人：400万〜300万年前）と名づけられた。1978年には、リーキー夫妻の娘のミーヴ・リーキーらがタンザニアのラエトリで350万年前に降った火山灰に残されたヒトの足跡を見つけた。それらの足跡は二本足で立って歩いていたことを示していた。アファレンシス猿人はヒトと類人猿との双方の形質的特徴を有していたが、直立二足歩行をしていたことが重要であった。

現在、その他にもケニアのカナポイで見つかったアウストラロピテクス・アナメンシス（420万〜410万年前）、アウストラロピテクス・ガルヒ（約250万年前）が知られている。アナメンシスの四肢骨は二足歩行していたことを示している。これら「華奢型」のアウストラロピテクス属のほかに、「頑丈型」あるいは別の系統のパラントロプス属に分類される、東アフリカのパラントロプス・エチオピクス（280万〜220万年前）やパラントロプス・ボイセイ（230万〜140万年前）と、南アフリカのパラントロプス・ロブストゥス（180万〜100万年前頃）がいた。乾燥した環境が広がったため、ナッツ、種子、根茎などの食べ物が増え、それに対する適応が促進されたのであろう。かつては肉食性のハンターと見なされていたが、スワルトクランズの洞内化石骨の様相から、彼らは捕食動物の餌食になっていたと考えられるようになっている。

直立二足歩行に関わる化石人骨の研究は古人類学者の領域である。次の頭蓋骨（脳）の進化の過程の研究も彼らの領域である。そして脳の拡大に伴う技術（石器）の発達が視野に入ってくると、いよいよ考古学者の登場となる。

4. 石器を作る

　1997年に、エチオピアのベルハネ・アスファウ、カリフォルニア大学バークレイ校のティム・ホワイトとデズモンド・クラークらが率いるミドルアワシュ調査隊が、エチオピア大地溝帯アファール地方で重要な発見をした。250万年前の層からアウストラロピテクス・ガルヒ（現地語で"驚き"という意味）の化石と、石器で肉や腱を切り取る時に骨につく傷あと（切痕）が見られる動物骨を見つけたのである。石器自体は見つかっていないが、ガルヒ猿人が石器を作っていた可能性を示唆している。

　道具を利用して劇的に新しい生活世界を構築したのは、類人猿ではなくてヒトであった。チンパンジーとヒトに共通の祖先の物質文化、例えば、800万年前の堅果割の跡は見つかっていない。それにもかかわらず、人の技術史を語る時、多くの考古学者がチンパンジーの道具製作・使用を出発点にしているのは、初期人類が石以外の素材でも道具を作っていたのか、道具使用の根源はどこまで古く遡るのか、といったきわめて難しい設問に答えを見極めようとしているからである。チンパンジーで観察される多彩な技術から、初期人類も石器以外にも、動物の毛皮、ダチョウの卵殻、カメの甲羅、動物の骨・角・牙、掘り棒や棍棒など有機質の道具を使っていたと推測することができる。それにもかかわらず、石器を問題視するのは、石器製作の始まりが人間性にかかわる革命的なことであったと考えるからである。

　エチオピアのゴナ盆地を流れるアワシュ川の支流に臨むカダ・ゴナなど6地点で、シレシ・セマウらが見つけた石器はおよそ250万年前のものである。現在のところ考古学者がそれとわかる最古の石器である。大型草食獣の化石骨が伴っており、骨には特徴的な切痕が付いている。化石人骨は見つからなかった。同時期にいたエチオピクス猿人の可能性もあるし、南アフリカのアフリカヌ猿人も石器を作っていたかもしれない。しかし、同じような切痕のついた動物骨と一緒に見つかっているガルヒ猿人がその第一候補である。ガルヒ猿人の脳容量はチンパンジーより若干大きく450cc程度である。

私たちの脳はエネルギーを贅沢に消費している。エネルギー消費量の5分の1を必要とする。チンパンジーのように果物や昆虫を食べるだけでは供給がおぼつかない。肉のような高蛋白質の食物を摂る必要がある。ヒトは、他方で、腸を縮小してそこでのエネルギー消費を押さえている。ガルヒ猿人は石器を使い、動物の遺体から肉片を切り取ることができるようになっていた。石器製作の重要性はそこにあった。おそらく、ネオテニー（幼形成熟）にかかわる遺伝子の突然変異と相俟って、脳の進化が始まったのである。遺伝子と脳と道具の共進化が直立二足歩行の猿人をヒトへと押しやったのである。
　2010年8月12日の朝日新聞朝刊に「世界最古　石の道具の使用：339万年前の化石エチオピアで発見」という記事が載った。やはりな、と思った。この種の発見を予想していたからだ。かつて『理論考古学』（1994）のなかで、次のように書いた。「アウストラロピテクス・アファレンシスが既に打撃による単純な石の剥離技術を習得していた、と見做せる資料かもしれない。以上の事実に間違いがないとすれば、石器製作の開始を年代的に後出のホモ・ハビリスに帰して、石器製作の開始と頭蓋容量の増大傾向を関連づけて解釈しようとするリーキーらの仮説は、成立しなくなる。」（166頁）。

第2節　ホモ（ヒト）属の登場

1. ホモ・ルドルフェンシス

　前に触れたように、1960年に発見されたホモ・ハビリスの年代が約185万年前である。おそらくそれより古い初期のホモ属であろうと考えられる化石骨が、ケニアのバリンゴとエチオピアのハダールでみつかっている。その年代は240万〜230万年前である。ホモ・ハビリスの頭蓋容量は680ccに達していたが、なお相対的に小さく、足が短く手が長くて、木登りに適した特徴を残していた。初期の人類はいずれもアフリカの草原と疎林地帯に生息地が限られていた。チャドのコロ・トロ遺跡が猿人のもっとも北に位置する出土地で、森林と

サバンナの混じる植生帯である。

　ルイスの息子リチャード・リーキーは北部ケニアのトゥルカナ湖（以前はルドルフ湖と呼ばれた）東岸にあるクービ・フォラで新しい調査チームを立ち上げた。発見された KNM-ER1470（ケニア国立博物館所蔵の略でイースト・ルドルフ遺跡出土の意味）の脳の推定容量は 750cc である。頭蓋容量と臼歯の大きさで 2 種に分ける説がある。ホモ・ルドルフェンシス（230 万？～ 180 万年前）と狭義のホモ・ハビリス（190 万～ 160 万年前）である。彼らこそオルドワン石器群の担い手と見られている。

2. 最古の石器

　最古の石器群（モード 1）である「オルドヴァイ文化」は、ルイス（1903 – 1972）とメアリー（1913 – 1996）のリーキー夫妻によって、彼らの調査地であったタンザニアのオルドヴァイ渓谷にちなんで名づけられた。ゴナ、オルドヴァイ以外でも、エチオピアのオモ（約 240 万年前）、フェジェジとハダール（約 230 万年前）、チェソワンジャ（約 150 万年前）、カンジェラ（約 220 万年前以降）、ケニアのウエスト・トゥルカナ（約 230 万年前）、コービ・フォーラ（約 190 万～ 130 万年前）、タンザニアのペニンジ（約 160 万～ 140 万年前）、ウガンダのニャブソシ（約 150 万年前）などで見つかっている。中央アフリカ・コンゴ共和国のセンガ 5A、マラウィのムウィムビ、先に言及した南アフリカの諸洞窟、北アフリカ・アルジェリアのアイン・ハネチとエル - ヘルバからも「礫器文化」の存在が報告されている。

　アウストラロピテクス・ガルヒなどの可能性が指摘されているが、これらの石器を残したと一般に見られるホモ・ハビリスやホモ・ルドルフェンシスは、地域（2km 以内）を流れる河床に多い石英、玄武岩、その他の細粒の溶岩石を素材として石器を作っていた。ゴナの各地点での石器の石材と、遺跡付近の河床採集の礫の石材との構成を比較すると、河床に多い玄武岩でなく、少ない粗面岩などが利用されているので、石材を選択していたようである。石器の製

作・使用実験によれば、「礫器類」で特徴づけられてきたこの石器技術は、礫や溶岩塊から打ち剝がされた鋭い刃をもつ剝片を主として、その剝離に使われた礫や石槌、剝離過程で生じた石片やいくつかの剝離段階で残された石核で構成されているようである。これらの遺跡では一般に石器に伴って、破砕され石の鋭い刃で付けられた切痕をもつ動物の化石骨が出ている。1995年にレスリー・アイロとピーター・ウィーラーが提唱した「エネルギーを多消費する脳仮説（The Expensive Tissue Hypothesis）」に注目が集まっている。私たちの脳は重さが体重の2％に過ぎないのに、新陳代謝エネルギーの18％も消費している。石器を使って動物蛋白質の豊富な肉食が可能になったことが、ヒトの脳量の増加に繋がったというのである。

3. ホモ・エルガステル

北部ケニアのトゥルカナ湖西岸で、誰よりも多く化石人骨を見つけている「化石ハンター」ことカモヤ・キメウが、ケニアの西トゥルカナのナリオコトメで1984年に見つけたKNM-WT15000よって代表されるホモ・エルガステルは、脳容量が870cc（私たちの約3分の2）に達していた。「ルーシー」以上に完形に近い、150万年前頃の「ナリオコトメ・ボーイ」と呼ばれるこの化石人骨は、現代人にたいへんよく似た後頭骨をもち、類人猿的特徴を脱して、完全な二足歩行を行っていた最初の人類である。8歳くらいで死んだ少年期のものであったが、先行人類と比較して背丈が高く（162cm：大人であれば180cmを超える）、下肢が大変長くがっしりしていて、乾燥したサバンナでの炎熱に適応した形質（細長体型）を獲得していた。熱帯での厳しい環境に適応して、鼻筋の通った鼻形で吸気を冷やし、体毛のほとんどない裸の皮膚で体温の上昇を防いでいたと思われる。

ハーヴァード大学の古人類学者ダニエル・リーバーマンとユタ大学の生体力学の専門家デニス・ブランブルは、ホモ・エルガステルこそ長距離ランナーの特徴をもつ最古の種である、と主張している。はるか遠くから上空に旋回する

第2節　ホモ（ヒト）属の登場　165

ハゲタカを目撃したら、いち早く駆けつけて肉や脂肪を手にする必要があったのであろう。大型の哺乳動物の数も種類も多いサバンナは水場が限られていて、雨季と乾季がはっきり分かれている。新しい状況に適応し、予測不可能な周縁環境に対処した彼らの能力は、この良好な骨格資料によって解明されたのである。パラントロプス類が草食に特殊化することで適応を遂げたのに対し、ホモ・エルガステルは日常的な食習慣に肉を取り入れることで対応した。高品質の蛋白質・脂質の供給源である草食動物は常に移動を続けており、その屍肉は競争相手の肉食獣を出し抜いて探し当てねばならない。狩猟と屍肉漁りの両戦略とも不安定で予測がきかない。しかし、どちらかが成功すれば、報酬は非常に大きい。

　高い栄養価の大きな肉の塊を入手できたことで、集団構成員の間の社会関係にも意味の大きな変化をもたらした。ユタ大学の人類学者クリステン・ホークスらは、タンザニアの現生狩猟採集民の研究から、「祖母仮説」を提出している。人間の女性は40代で閉経するが、80代まで生きる。他の動物に見られない人類特有のことである。チンパンジーの雌は40代まで元気に生き、排卵する。しかし、閉経後も生存するのは5％に過ぎないのだ。頭蓋容量が大きくなったホモ・エルガステルの母親は、子どもを未熟で生んで（チンパンジーらのように胎内で充分に成長したら、母の産道を傷つける）、長く養育する必要が生じた。この無力な幼児こそ母親の寿命を延ばす要因だと彼らはいう。閉経後のヒトの女性は孫の面倒を見ることで、娘の負担を減らすことができる。祖母が根茎類を掘る作業につけば、養育中の娘にとって負担の多い食物探しを免れることができる。閉経後長生きした祖母は孫の成長の機会を増やす。その結果、長生き遺伝子が集団に広がった、というのである。

4.　ハンドアックスの登場

　アフリカのホモ・エルガステルの適応的な行動に対応する石器製作の技術が、規格化された両面加工のハンドアックス（握斧、握槌）とクリーヴァー（平刃

斧）とピック（三稜尖頭器）によって特徴づけられる（モード2）。大量に発見されたフランスのサン・アシュールにちなんで「アシュール文化」と呼ばれている。エチオピアのコンソ゠ガルドゥラ層（190万～130万年前）から見つかった、粗雑なつくりのハンドアックスとピックを特徴とする石器群が現在その最古の例である。この石器群にはホモ・エルガステルの下顎骨が伴っている。

ハンドアックスが狩猟具にむかない、そして動物の解体に優れた道具であることはわかる。だが、何に使ったのか十分には明らかでない。エチオピアのメルカ・クントゥレ、ケニアのオロルゲサイリ、タンザニアのイシミラ、ザンビアのカランボ・フォールのような遺跡では、数百点のハンドアックスが、しばしば折り重なって、しかも使用された兆候もなく出ている。中には機能性を犠牲にして、異常に大きい、あるいは美しい過剰デザインのハンドアックスも作られた。何らかの誇示行動に使われた可能性がある。タンザニアのペニンジ遺跡（170万～140万年前）から出土したハンドアックスに、植物残滓が付着していた。その分析ではアカシアの伐採に使われたとされている。しかし、私たちはいまだにハンドアックスが何に使われたのか、確証を手にしていない。

両面加工石器の製作にはずっと複雑な一連の動作を要する。多くの時間とエネルギーを要する。よい石材を見つけ出すには時間がかかり、形の決まったものを作るには大きな努力もいる。技術の習得に時間がかかる。認知能力と手の器用さだけでなく、伝達法と学習時間が必要となる。つまり、彼らは両面加工石器の製作法を学び、そうした活動を日常生活化する必要があったのである。個々人の活動が以前よりずっと規制されるようになった。学習は孤立していてはできない。製作物を絶えず見守り修正し、既存のものを複製するためには、共同的な規格がいる。いつも向き合っている集団内で、動作を無意識的に模倣するオルドワンの石器製作と違って、高度の注意力と手の操作を要する。マーティン・ポーは長い「見習い期間」があったと想定している。

第3節　アフリカを出る

　ホモ・エルガステルの出現の時期は、初めて特定の景観を超えて石器の分布が広がりを見せたときであり、また石材獲得に新しい方法が見られたときでもある。アフリカでは180万〜160万年前に乾燥化がいっそう進んだ証拠がある。日中の長距離歩行を習慣的に実践する大型人類ホモ・エルガステルは、アフリカにおけるこの生息環境の大きな変化に適応しただけでなく、活動領域を拡大していくなかで、アフリカを出て新しい環境に拡散する結果となったのである。

1. ドゥマニシ遺跡とウベイディア遺跡

　ホモ・エルガステルがアフリカを出てユーラシアに拡散していったルートはどこであろう。エチオピア北東部（アファール地溝）からレバント地方へのルート説が一般的である。寒冷／乾燥期には砂漠が拡大して移動の障壁となるサハラ砂漠も、温暖／湿潤期には草原が広がり動物群を引きつけていた。生物地理学上のレバント地方は温暖／湿潤期にはアフリカ動物相の北端部に、寒冷／乾燥期にはユーラシア生物相の南端部に区分けされる地域である。

　最近の研究によれば、アフリカからユーラシアへの回廊にあたる西アジアにおいて、酸素同位体ステージ（MIS）13（約52万4000〜47万8000年前）以前に、数回の出アフリカが起こっていた証拠がある。それらの考古資料は初期人類が気候の温暖な時期（奇数の酸素同位体ステージ）に、一度ならずユーラシアへ拡散していたことを示唆している。

　1984年にグルジア共和国の首都トビリシから南西におよそ80km、二つの川の合流点を見下ろす中世の城跡の下から、動物骨と石器が見つかった。ドゥマニシという町にあるこの遺跡から1991年にヒトの下顎骨が発見された。1999年にさらに2個の頭骨と1000点余の石器が発掘された。170万年前の年代である。この人骨はアフリカのホモ・エルガステルに対比されている。石器も片

面加工礫器を主体としていて、アフリカの「オルドヴァイ文化」に対比されている。これは160万年前にアシュール文化のハンドアックスが出現する以前に、人類の出アフリカが起こった可能性を示している。ドゥマニシの年代は包含層下の基盤玄武岩層の古地磁気法による年代（約195万〜177万年前の正磁極期）と、ハンドアックスの出現（約170万〜160万年前）以前の石器群ということで決められた。D-2280と登録された方の頭蓋容量は約780cc、女性のD-2282の方は約625ccと見積もられている。ただし、2001年に発見されたD-2700頭骨はホモ・ハビリスに類似するといわれている。ドゥマニシは中国の北京と同じ北緯約40度に位置している。気候は現在よりもやや暖かく、雨が少なかった。マツとカバノキの森と開けたステップの景観で、シカやウマなどユーラシア大陸の典型的な大型動物が暮らしていた。

ウベイディヤ遺跡はヨルダン地峡にあり、旧湖成層・河川堆積層中から8000点近い石器が出ている。オルドヴァイ峡谷などのアフリカのアシュール文化に類似した石器類である。140万〜100万年前という遺跡の年代からみてこの場合は、北半球の氷期に対応したアフリカ大陸の乾燥化が引き金となった移動であったと推測されている。ユーラシアへの真の拡散を示すというよりも、ヒトを含むアフリカ動物相の北方への拡張として捉える見方もある。

西ヨーロッパにおいても近年、ハンドアックス石器群が確実に増加する50万年前を遡る時期の発見例が増えてきている。北部スペインのアタプエルカのグラン・ドリナ遺跡は18mの厚さの堆積層をもち、六つの包含層からなる。TD6と呼ばれる下から2番目の層から、最小6個体分の90点の人骨片と、200点の石器が出ている。古地磁気法と電子スピン共鳴法によりおよそ80万年前とされる。ホモ・アンテセソール（「開拓者」）と名付けられたこの人類は寒冷なヨーロッパへの植民に失敗し、後のホモ・ハイデルベルゲンシスとつながりを持たなかったと見られている。カニバリズムの兆候が見られた。ハンドアックスが見つかっていない。ハンドアックスが現れるのはさらに上層の50万年前以後である。

2. 中国の最古の石器

アフリカを出て東南アジアや東アジアに拡散したとすれば、ホモ・エルガステルである。ジャワ島の化石人骨の年代値が古くなってきている。^{40}Ar／^{39}Ar法による年代測定値では、1936年発見の「モジョケルト1」が約180万年前、1970年代後半に発見されたサンギランの「メガントロプス27と31」が約170万〜160万年前である。中国における人類の登場が180万年前に遡る可能性を指摘する中国人研究者もいる。安徽省繁昌県人字洞遺跡出土の動物化石と人工的剥離の可能性のある剥片の年代が240万〜200万年前、重慶市巫山龍骨披遺跡出土のヒトの下顎骨・切歯と石器と動物化石の年代が約200万年前とされている。しかしこの古さの化石人骨は発見されていない。

龍骨披洞窟は1984年に発見され、1985年から88年にかけて調査された。安山岩・斑岩の2点の礫器を含む問題の考古資料はレベル5から8で出ており、動物相、古地磁気法、電子スピン共鳴法（ESR）により年代が判定された。レベル7と8の古地磁気年代は松山逆磁極期のオルドヴァイ正磁極亜期（180万〜160万年前）、レベル4のESR年代は約100万年前であった。ホモ属の歯はアジアのエレクトゥスよりもアフリカのハビリスやエルガステルの範疇に入るといわれている。

北京の北西150kmにある泥河湾盆地遺跡群は、40箇所もの旧石器時代遺跡が見つかっていることでよく知られている。長年調査にたずさわっている衛奇は、小長梁遺跡や東谷坨遺跡の年代について、古地磁気法でハラミロ正磁極亜期（107万〜99万年前）よりも下位としている。古地磁気法による最近の編年では、小長梁遺跡が約140万〜130万年前、東谷坨遺跡が約110万年前、馬梁遺跡の石器包含層が79万〜78万年前である。さらに1992年に発見された馬圏溝遺跡は170万年前に近い時期と推定されている。衛奇は「泥河湾文化」を提唱している。事情に通じる佐川正敏（東北学院大学）は、国際的な更新統の区分・境界年代と、衛奇説との間にはずれがあることに注意を喚起している。いずれにしても、泥河湾盆地遺跡群は動物化石骨と石器とが伴出している点が

重要である。

　石器に造詣の深いアメリカの考古学者キャシー・シックとニコラス・トスが、もっとも豊富な考古資料が出ている東谷坨遺跡のトレンチ T1 出土の石器類中、A 層の石器類 1432 点を北京の古脊椎動物與古人類研究所で観察した。彼らによれば、石器類は割れ円錐が認められるが、意図的な整形加工も明瞭な使用痕もない剥片・剥片破片が 888 点、割れ円錐は認められるが剥片か石核かはっきりせず、明瞭な整形加工も見られない石塊・岩片が 278 点、側縁に意図的な加工—数ミリの長さの剥離痕が三つ以上—があるものの、顕著な剥離や道具への整形が見られない剥片・破片・石塊が 143 点、側縁の一箇所以上に明らかに使用によって生じた小剥離痕を残すものが 41 点、集中的な剥離ではっきりと刃部・尖頭部・抉入部を作り出したものが 10 点、「チョッパー型」・「円盤型」・「多面体型」などのように型式設定は不可能であるが、明確な剥離痕をもつ石核が 66 点、ハンマーとして使った敲打痕をもつ礫が 6 点、という石器群の内容であった。

3. ホモ・エレクトゥス

　ダーウィンの『種の起源』出版の前年、1858 年に生まれたオランダの医者ユージン・デュボワは、人類進化の解明に情熱を傾けた人である。いわゆる「ミッシング・リンク」（サルとヒトをつなぐ未知の化石）を探すべく、オランダの植民地であったジャワ島へ赴いたのは 30 歳の時である。1891 年の 10 月になって、デュボワはソロ川沿いのトリニール村近くで、段丘堆積層中から古い動物骨とともにヒトの頭蓋骨を見つけた。翌年には大腿骨も見つけた。立って歩いていたことが明瞭だったので、1894 年にピテカントロプス・エレクトゥス（直立猿人）と名づけて発表した。1936 年に G・H・R・フォン・ケーニヒスヴァルト（1902 - 1982）が、東部ジャワのモジョケルトで 2 個目の頭骨を発見した。この発見で、デュボワの主張が証明された。1937 年から 41 年にかけて、フォン・ケーニヒスヴァルトはトリニールからソロ川の上流 50km にあるサンギラン

で、さらに3個体の頭骨などを見つけた。1952年から1978年の間にもサンギランで多くの発見がなされた。発見は今日も続いている。

　ドュボアの調査に遅れること30年、1921年にスウェーデンの地質学者 J・G・アンデルソン（1874 – 1960）が、北京近郊にある洞窟の周口店で発掘を開始し、2本のヒトの歯を見つけた。これに注目したカナダの解剖学者ディヴィッドソン・ブラック（1884 – 1933）も1927年に発掘を行った。ブラックの死後の1935年に、高名なドイツの解剖学者フランツ・ワイデンライヒが調査を受け継いだ。ブラックがシナントロプス・ペキネンシス（北京原人）と名づけた人骨資料が40個体分以上見つかったが、日中戦争での日本軍の侵攻時の混乱下で、行方が分からなくなってしまった。周口店以外からも、元謀原人、藍田原人、沂源原人などの化石骨が見つかっている。

　周口店洞窟では、74万年前から40万年前の暖かい間氷期に当たる地層からしか、人類が住んだ跡は見つかっていない。最古の焚き火跡があると長年言われていたのだが、近年実施された再調査で、この地層は水に流されてきた植物が腐敗したものだとわかり、最古の炉跡説は覆された。氷期の間は、南の亜熱帯地域に移動していたと見られている。

4. 中国の2つの石器伝統

　インドネシアと違い、先に見たように中国ではこの年代より古い石器群の出土が報告されていて、二つの違った石器群の存在が認められる。ひとつは石核・剥片石器群、もうひとつは両面加工石器群である。前者には、先に言及した小長梁遺跡、東谷坨遺跡や周口店第1地点が、また後者には藍田遺跡、三門狭遺跡、丁村遺跡や百色遺跡が知られている。後者、すなわち中国南部の「華南礫石器文化伝統」は大型石器を組成し、三稜尖頭器と呼ばれる石器はアシュール文化のピックを連想させる。1989年と90年に中国湖北省漢水流域、学堂梁子で出土した2個のホモ・エレクトゥス頭骨は藍田人と周口店人とをつなぐ下部更新世末から中部更新世初頭に位置づけられる。両面加工石器（「手斧」）を伴っ

ている。石器は三つの文化層からの発掘品207点と表採品84点の計291点あり、上記3点の両面加工石器を含んでいた。その後のフランスとの共同調査でさらに出土したらしく、「手斧」(「ハンドアックス」)が9点という報道があった。加藤真二(奈良文化財研究所)によれば、「鶴嘴状石器・鉈状石器・球状石器」すなわちピックやクリーヴァーなどの大型石器はⅠ期に現れて、Ⅱ期(25万〜10万年前)で発展し、Ⅲ期までには姿を消した。中国の大型石器類はアシュール文化の系統ではなくて、東アジアで独立に展開したというのである。

かつてハラム・L・モヴィウス(1907－1987)が、インドの北部から東には中国を含めてハンドアックスが見られないこと、それに代わって不規則な加工の礫器や剥片が顕著に存在することを捉えて、前期旧石器時代の世界を西の「ハンドアックス石器伝統」と、東の「チョッパー(片刃礫器)・チョッピングトゥール(両刃礫器)石器伝統」とに二分した。そして、東南アジアと東アジアを文化的停滞地域と見なした。いわゆる「モヴィウス・ライン」である。ところが最近の20年間に、モヴィウス・ラインの解消を唱える研究者が出てきた。中部更新世を通して礫器・剥片石器群が多いのは東アジアの環境を反映しているのかもしれない。あるいは、最近のアジア最古の石器群や化石人骨の古い年代値が示唆するように、ホモ・エルガステルがアフリカを出て東南アジア及び東アジアに至ったとき、アシュール文化の石器技術をもたなかったのかもしれない。あるいはホモ・ハイデルベルゲンシスが中国にもいたかもしれないが、東アジアの広大な地域で、ひとつの文化伝統を維持していけるほどの人口がなかったのかもしれない。理由はいずれにせよ、50万年前以降の東西ユーラシアの人類進化の軌跡が違っていたことは明らかである。ヨーロッパの地域がアフリカで繰り返された人類進化史上のイヴェントの影響下にあったのに対し、東アジアでは最初に移住したホモ・エルガステルの後裔であるホモ・エレクトゥスは比較的孤立していたからであろう。簡素な作りの石器は、外の世界に対応する認知能力(複雑な技術を編み出す能力)が全体に低かったことを示しているのかもしれない。

5. 朝鮮半島への進出

ホモ・エレクトゥスの化石骨が出たといわれた洞窟を含めて、ピョンヤン付近に集中している「前期旧石器時代」の遺跡など、北朝鮮の遺跡に関しては発掘報告書や分析的研究がほとんど公表されていない。

ソウルの北東で1978年に発見された全谷里遺跡からは、その後の調査を通じて、「ハンドアックス・ピック・クリーヴァー・チョッパー」などの混合石器群が出土した。松藤和人（同志社大学）らのチームによるレス‐古土壌編年法では酸素同位体ステージ（MIS）9（約30万年前）からMIS5a（約7万年前）の間に形成された遺跡である。全谷里遺跡だけでなく、漢灘江と臨津江流域の金坡里、舟月里、佳月里、元當里などで同様の石器群が次々に見つかっている。萬水里遺跡では第1〜5文化層の包含層が見つかっている。第5文化はMIS15（約62万1000〜56万8000年前）古土壌の直上、MIS14（約56万8000〜52万8000年前）のペディメント（山麓斜面）堆積層の最下部にあたる。全体的に中国南東部の両面加工石器群に類似し、その系統の石器群と思われる。これに類似した石器群は韓国南部の竹内里遺跡第1文化層でも出ているが、年代は最終間氷期の後半から最終氷期初頭が想定されている。

日本列島においても、愛知県加生沢遺跡の石器群が東アジア型の両面加工石器群の可能性がある。だが遺跡が消失しているのでもはや検証できず、否定者や無視する研究者が多い。

第4節　ホモ・ハイデルベルゲンシス

1. ホモ・ハイデルベルゲンシス

ホモ・ハイデルベルゲンシスの名称は、ドイツのハイデルベルグ近郊、マウエルの古い河川堆積物から1907年に見つかった下顎骨にちなんだものである。「マウエル人」と呼ばれていた。14年後の1921年、ザンビアのブロークン・ヒル（現在のカブウェ）の金属鉱床採掘坑から保存のよい頭骨化石が見つかっ

た。そのほかにも、ネアンデルタール人に比べ、明らかにずっと原始的な化石が、アラゴ（フランス）、ペトラルナ（ギリシャ）、ヴェルテスチェレス（ハンガリー）、ボド（エチオピア）、ンドゥトゥ（タンザニア）、エランズフォンテイン（南アフリカ）などから発見されている。これらはホモ・ハイデルベルゲンシスという種に属すると見られている。75万年前ころにアフリカで、ホモ・エルガステルからホモ・ハイデルベルゲンシスが進化し、彼らもアフリカを出ている。それ以前のどの人類よりも現生人類に似ていて、脳はかなり大きく、現代人とほぼ同じ大きさである。ヨーロッパに移住した集団からのちにホモ・ネアンデルタレンシス（ネアンデルタール人）が、そしてアフリカにとどまった集団からホモ・サピエンス（現生人類）が進化したとみられる。

2. 石器製作技術の発展

イスラエルのゲシャー・ベノット・ヤーコブ遺跡から、約80万年前のハンドアックスとクリーヴァーが大量に見つかっている。玄武岩の礫塊からコンベワ技法のような調整剥離技法を使って大型剥片を剥離し、その大型剥片の打瘤部と周縁に限定的な整形剥離を施して作り出されたもので、ヨーロッパやアジアのものよりもアフリカのものに非常に似ている。ここからは加熱を受けた石片、焼けた種子がまとまって出土した状況から、火の使用の有力な証拠と見られている。ヨーロッパに進出する前のハイデルベルゲンシスが訪れていたのかもしれない。

ハイデルベルゲンシスは、特に両面加工石器の素材となる大型剥片を剥離する調整石核の技術をさまざま生み出している（タバルバラト／タチェンギット技法、コンベワ技法、プロト・ルヴァロワ技法など）。さらにその後に両面加工石器を小型化し、同時に規格化した剥片を生産するルヴァロワ方式も生み出した（モード3）。

石器の製作実験が注目されるようになった1970年代に、M.H. ニューカマーが彼らの精巧なハンドアックスをモデルにして行ったハンドアックスの製作実

験で、複雑な製作工程がわかった。①石のハンマーによる10〜20回の打撃で粗く形を整える段階、②シカの角などのソフトハンマーによる同じく10〜20回の打撃で厚みを減じて形を整える段階、③小型のソフトハンマーによる15〜30回の打撃で仕上げる段階、この3工程で構成される。そして第3工程の段階で一部に厚みが残っている場合には、厚みをとるために一端に打面を作出してそこから大・中のソフトハンマーで縦に長い剝片を剝離するのであるが、その剝片は外見上ルヴァロワ型剝片に似ることがあって、ルヴァロワ方式の発見の契機を示唆していた。

　ルヴァロワ方式は厳密に一貫した一連の技術的動作（「動作の連鎖」と呼んでいる）で、1個の石核からいろいろの剝片石器（尖頭器・削器など）を作り出す。1個の石塊からハンドアックスのような1種の石核石器を作ることに替わって、はるかに効率的かつ作業の特殊化を意図した技術である。ハンドアックスのように1個の石塊から1種の石核石器を作ることは、大半のケースにおいて石材の莫大な損失を意味する。また石材が見出される場所で大部分の作業をしなければならない。石材産地はたいていの場合、日常の生活の場と異なるのでエネルギーと時間の無駄遣いが生じる。ルヴァロワ方式は目的の剝片が矩形か三角形か楕円形か、また一枚か複数枚かによって、計算に入れる石核の容積とその調整法は異なる。目的の剝片が一枚の場合、消費する石材の容量に対して得られる刃渡りの長さは最大になるようにデザインされる。複数枚の場合も、特に作業面の初期調整（単一方向・双方向・求心状）に応じて、多様な形態の剝片が生じるようにデザインされる。さらに徹底的に石核を消費しようとするときには、ルヴァロワ型石核は円盤形の石核としてもリサイクルできる。あらかじめ目的の剝片の形を定め、連続した作業によって生産性を増やすことで、石材の補給をしないでもかなり遠くまで出かけて行くことができるようになった。

3. ヨーロッパへの移住

　人類のヨーロッパへの最初の移住がいつ頃だったのかは、いまだ未解決の問題である。イタリア中部のチェプラノ遺跡や北部スペインのアタプエルカ遺跡で約80万年前の人骨が出ている。確実な証拠が増えるのは酸素同位体ステージ（MIS）13に入ってからのことで、発見地の多くは50万年前より新しい年代である。アフリカとヨーロッパでは化石人骨もアシュール文化の石器技術もたいへん似ており、ハイデルベルゲンシス集団の移動を示唆している。

　ハイデルベルゲンシスはヨーロッパにおいて北緯52度の地域にも住んでいた。人類で初めて寒冷で乾燥した景観に出会ったのである。氷期、亜氷期、間氷期の景観資源や生物量の変化が、ヨーロッパにおける彼らの経済と社会的行動を条件づけていったと考えられる。繰り返された2000〜3000年間隔の振幅の大きな気候の変動が、生態学的な激変を引き起こした。旧石器時代の遺跡は、冬の食物不足がそれほど厳しくなく、食物資源の獲得において季節的変異がそれほど顕著でない大西洋・地中海側に多い。英国では、温暖期（スワンスコム、エルヴェデン、ウォルヴァーコートの各遺跡）、冷涼期（ホクスン上部石器群、ガッデスデンロー遺跡）、寒冷期（ファーズプラット遺跡）の幅広い気候／生態にわたって、人類が住んでいた。しかし中央ヨーロッパでは、地域的に気候が好転したときにのみ人類の居住が認められた。主要遺跡はビルツィングスレーベンII、ショーニンゲン13、マルククレーベルク、ヴェルテスチェレス、コロリエヴォVIが知られるだけである。大陸性気候で季節性の高い中央・東ヨーロッパへの組織的な居住が始まるのは、中部旧石器時代のネアンデルタール人（ホモ・ネアンデルタレンシス）によってのことである。また、おそらく大西洋の暖流の影響で気候の穏やかだった西ヨーロッパにおいてさえ、起伏の激しい高地を避けて、河川の中・下流の草原景観を選択していた。事実、スペインのカンタブリア山脈から、フランスのドルドーニュ地方、中央高地、ボージュ山脈、ミューズ川流域カルスト台地、ドイツのドナウ川上流域とチェコ、スロバキアとルーマニアにまたがるカルパチア山脈まで、遺跡が見られない。

草原景観に特徴的な斑状のコンパクトな植生には、山地景観に比べて周縁／中央の対比が低く、多様な種を維持しているので、壊滅的な被害を受けることが少ないのである。

ネズミなど小動物の生物地層学的研究成果と、近年発展の著しい年代測定法を使って、温暖で穏やかな気候の間氷期の環境だけでなく、寒冷なステップ環境やその中間的な環境に遺跡を位置づけられるようになって、現生人類以前の初期人類もさまざまな環境下で周年生存していたことが見えてきた。ただし、間氷期の森林環境下で生存するには、正確かつ詳細な情報に基づいた複雑な計画と、限られた時間と労働経費のバランスを取る細かく練られた決断とが必要とされるので、森林景観への進出はそうした能力を持つようになった現生人類の段階になって、はじめて可能になったのである。

4. ボックスグローヴ遺跡

英国南部のチチェスターの近くにあるボックスグローヴ遺跡は作業中の採石場で発見され、1985年から本格的な発掘調査が行われている。1993年にヒトの頸骨が、そして1995年にも2個体の切歯が見つかった。残存する哺乳動物から、約50万年前のクローマー間氷期末期のホモ・ハイデルベルゲンシスの残した遺跡と見なされる。がっしりした体格で、脚が長かったことがわかる。寒い気候への解剖学的な適応の一部が見られないということである。

現在よりも10km北にあったイギリス海峡に面する海岸平野にあった。その白亜の断崖の下にあたるGTP17と呼ぶ試掘溝では、1頭のウマを解体した跡が出た。64㎡の発掘区からは、2322点の石器が出ている。だが、両面加工石器は2点に過ぎない。他方、旧流水路沿いのQ1Bからは、アーモンド形や涙滴形のハンドアックスを多数含む2万点の石器が出た。ほかに、アカシカ・サイ・ウシ・ウマなど多くの種の動物化石骨が出ている。ボックスグローヴで観察されたこれら2つの廃棄行動の違いは、これらを残したハイデルベルゲンシスの道具の携帯と廃棄パターンが構造化されていたことを示している。

ケニアのオロルゲサイリエ遺跡でも、地点により削器の卓越する石器群と両面加工石器の卓越する石器群との双方が見られる。両面加工石器を多く含む石器群とそれを欠く石器群とに注目すると、後者、すなわち両面加工石器を欠く石器群は、大きく視界の開けた一面草原の景観での、単一種の動物捕獲に関連している。スペイン中央部のアリドス遺跡でゾウ1個体、ムワンガンダ遺跡でのゾウの解体跡、イシミリア遺跡でのカバの遺体、レーリンゲン遺跡のゾウなど、例を挙げてみると、そこでは両面加工石器は動物の解体処理作業には使われなかったようだ。解体具は小型の軽量石器類であるという、ルイス・ビンフォードの主張が思い出される。両面加工石器が多い石器群は特定の場所、つまり水場があって動物が集まり、石器用の石材、植物資源もあって、生息域間を繋ぐルートにアクセスできるような流水路、という考古学的コンテクストで繰り返し現れている。有用な石器素材の剥片を打ち剥ぐ石核として、両面加工石器を持ち歩くため、そうした遺跡に棄てられることが多いのである、というのがR・ポッツの見解である。

5. ビルツィングスレーベン遺跡

ドイツのビルツィングスレーベン遺跡は湖畔のキャンプ跡で、およそ40万年前の酸素同位体ステージ（MIS）11か9かの間氷期に属する。植物相と動物層から考えると、相対的に温暖で乾燥した気候が想定される。トラバーチンに保存されていた植物遺存体から豊かなカシの混交林が復元されている。気温は年平均で10〜11℃、1月の推定気温は−0.5〜3℃、7月が20〜25℃くらいである。動物骨では大型獣が60％を占める。サイ（27％）が多く、ほかに若いゾウ（12％）、クマ（11％）、オーロックス（原牛）、ウマなどが出ている。中型獣ではアカシカとファロージカが多い（20％）。その他小型獣のビーバー（19％）や魚骨も見られる。

遺跡は湖岸の湧水地の近くに位置する。直径35〜40mの居住域である。調査者のディートリッヒ・マーニアは、入口付近に炉跡（木炭と焼け石の集中部）

をもつ直径3～4mの円形ないし楕円形の3箇所の住居跡を認めている。大量の石・骨・角・牙の屑、珪岩などの片面加工礫器、たくさんのフリント製小型石器、台石、礫が散在する6×30mあまりの範囲が作業場、そして南側に直径9mあまりのトラバーチンの礫を敷き詰めた円形の場所を"特殊な文化活動"の場と見ている。そうだとすると最古の構築物の1つとなる。間氷期の適温期が終わっても南に後退することなく、生態条件の変化に行動を合わせ、その環境に最も多く見られた大型獣のウマの狩猟に特殊化したものと見なされている。ハイデルベルゲンシスこそが最初の狩猟者であった。

　この遺跡から出た100点以上の両面加工を含む加工骨器、中でも放射状の線刻のある"工芸品"が注目される。同時期のイタリアの遺跡からも加工骨器は出ている。ただし尖頭形の骨角器が一般化するのは5万年前以降の現生人類になってからである。

6. シェーニンゲン遺跡

　1995年に、ドイツのハノーヴァーの東100kmにあるシェーニンゲン13遺跡から、3本の木槍を含む木器類が見つかった。きわめてセンセーショナルな発見であった。アシの茂ったかつての湖岸にあるこの遺跡では、中部更新世から完新世までの30mあまりの厚さの堆積層が観察できる。その変遷（シェーニンゲン0－Ⅵ）がビルツィングスレーベン遺跡で明らかにされた気候サイクルと対比されている。木槍はラインスドルフ間氷期の終末、シェーニンゲンⅡ内の4層（冷涼気候：森林ステップ／草原）から出ている。マツ材の1本以外はトウヒ材で、長さが1.82～2.5m、太さは2.9～5cmである。シェーニンゲン13 Ⅱ-4遺跡の遺物は、現地表下10m、ピート層の下の有機質泥層にある。遺物は発掘区内（3200㎡）の旧湖岸に、長さ50m、幅10mにわたって集中している。相互に数メートル離れて炉址（直径1mほどの赤化土）が少なくとも4箇所見られる。2万5000点以上の動物化石骨の保存状態がいい。その90％あまりがウマ（最少個体数20頭分）である。石器は多数の削器とある程

度の錐状の尖頭器を主体とし、この場所にほかから持ち込まれたものである。

第5節　ホモ・ネアンデルタレンシス

　深海底コア V19-30 に過去 30 万年間の酸素同位体（$^{18}O／^{16}O$）比によって示された気候変動が記録されている。そこにみられる個々それぞれの時期の比較的短い継続期間や、寒冷期から温暖期への急激な移行が、ハイデルベルゲンシスにみられた解剖学的特徴に強力な選択圧をもたらした。そうした進化の過程で、酸素同位体ステージ（MIS）8（約 30 万 1000 ～ 24 万 2000 年前）の期間にネアンデルタール人が誕生したと考えられている。ネアンデルタール人は長期の寒冷期である MIS6（約 18 万 6000 ～ 12 万 8000 年前）、最終間氷期 MIS5e（約 12 万 8000 ～ 11 万 8000 年前）、初期氷河期である MIS5d-a（約 11 万 8000 ～ 7 万 1000 年前）、および最終氷期寒冷期 MIS4（約 7 万 1000 ～ 5 万 8000 年前）と亜寒冷期 MIS3（約 5 万 8000 ～ 2 万 8000 年前）の気候と景観の中で生存し続けた。氷河期のユーラシア大陸北部の寒い環境で生き延びるうえで、タンパク質と脂肪に富んだ食生活は、おそらく欠かせないものであったろう。最近フランスで行われたネアンデルタール人の骨の化学分析の結果、主なタンパク源がマンモスとケサイであったことがわかった。

　およそ 30 万年前から 3 万年前まで生息したネアンデルタール人は、解剖学的相違と生存期間がホモ・サピエンスと重なることもあって、現生人類の直接の祖先とは見なされていない。1856 年にドイツのデュッセルドルフ近郊ネアンデルタールのフェルドホッファー洞窟で見つかった人骨は、1864 年にホモ・ネアンデルタレンシスと命名された。この学史上有名なネアンデルタール人骨から、ミュンヘン大学のスヴァンテ・ペーボが 1997 年に初めて DNA の抽出に成功した。ネアンデルタール人と現代人とが共通の祖先であるハイデルベルゲンシスから分岐した年代が、約 69 万～55 万年前という結果がでている。

　その後、ロシア南西部とクロアチアで見つかった別のネアンデルタール人 2

体についても、ミトコンドリア DNA が解析されたところ同様の結果が得られた。コーカサス山脈北側北西部の海抜 1310m の高地にあるメズマイスカヤ洞窟からネアンデルタール人骨が出ている。彼らはステップ・バイソン猟を中心にアカシカ、コーカサス・ヤギとアジアムフロン・ヒツジを獲っていたようである。このおよそ 2 万 9000 年前のネアンデルタール人の幼児骨の DNA 分析でも、フェルドホッファー洞窟で見つかったネアンデルタール人骨と同様の結果が追認されている。クロアチアのヴィンディジャ洞窟出土の 4 万 2000 年以上前のネアンデルタール人でも同様であった。

ポルトガル中央部の西側、アブリゴ・ド・ラガル・ヴェルホで赤色オーカーを振り掛けられ、有孔の貝殻を身につけた 4 歳くらいの幼児の埋葬骨が見つかった。約 2 万 5000〜2 万 4000 年前のグラヴェット文化期のこの骨は、ネアンデルタール人と現代人の両方の特徴を合わせ持つことから、調査者たちは混血集団の後裔であって、両者の交配を示唆するものであると解釈している。こうした混血説はチェコのムラデック遺跡出土の初期クロマニヨン人と、クロアチアのクラピナやヴィンディジャなどの洞窟から見つかったネアンデルタール人についても言われている。最近、私たちの DNA にわずかながらネアンデルタール人に由来するものがあるという研究が発表された。

主な引用・参考文献

第1章　極寒期を人類はどう生き抜いたか

ブライアン・フェイガン（藤原多伽夫訳）2011　『氷河時代：地球冷却のシステムと、ヒトと動物の物語』悠書館。

春成秀爾 2012「旧石器時代の女性像と線刻棒」『国立歴史民俗博物館研究報告』第172集、13-99頁。

Bosinski, G. 1990 *Homo Sapiens: L'histoire des chasseurs du Paléolithique supérieur en Europe (40000-10000 avant J.-C.)*. Editions Errance.

Guthrie, R.D. 2005 *The Nature of Paleolithic Art*. The University of Chicago Press. Chicago and London.

第2章　更新世から完新世への急激な気候変動に人類はどう対応したか

安斎正人 1974　「西アジア農耕文化の起源―洪積世末期以降の文化的変遷―」『考古学雑誌』第59巻第4号、17-41頁。

工藤雄一郎 2012　『旧石器・縄文時代の環境文化史―高精度放射性炭素年代測定と考古学―』新泉社。

谷口康浩 2011　『縄文文化起源論の再構築』同成社。

ブライアン・フェイガン（東郷えりか訳）2008　『古代文明と気候大変動：人類の運命を変えた二万年』河出文庫。

ブライアン・フェイガン（東郷えりか・桃井緑美子訳）2009　『歴史を変えた気候大変動』河出文庫。

Burroughs, W.J. 2005 *Climate Change in Prehistory: the End of the Reign of Chaos*. Cambridge, Cambridge University Press.

Cauvin, J. 2000 (1994) *The Birth of the Gods and the Origins of Agriculture*. Cambridge, Cambridge University Press.

Issar, A.S. and N.Brown 1998 *Water, Environment and Society in Times of Climatic Change*. Kluwer Academic Publishers.

Zubrow, E., Audouze, F. and Enloe, J. (eds.) 2010 *The Magdalenian Household: Unraveling*

Domesticity. State University of New York Press.

第3章　生活世界と超自然界をつなぐ女性像

安斎正人 1970　「先史メソポタミアの女性土偶―所謂《地母神像》についての一考察―」（卒業論文、未発表）。

「土偶とその情報」研究会（編）1997-2000『「土偶とその情報」研究論集（1〜4）』勉誠社。

文化庁ほか（編）2009『国宝　土偶展』文化庁海外展　大英博物館帰国記念。

マリア・ギンブタス（鶴岡真弓訳）1998『古ヨーロッパの神々』言叢社。

渡辺　仁 2001『縄文土偶と女神信仰』同成社。

Bailey, W.D. 2005 *Prehistoric Figurines: Representation and Corporeality in the Neolithic*. London and New York, Routledge.

付章　気候変動と人類の進化

クライヴ・ギャンブル（田村　隆訳）2001『ヨーロッパの旧石器社会』同成社。

クリス・ストリンガー、ピーター・アンドリュース（馬場悠男、道方しのぶ訳）2008『ビジュアル版　人類進化大全―進化の実像と発掘・分析のすべて―』悠書館。

Gamble, C. and M. Porr（eds.）2005 *The Hominid Individual in Context: Archaeological Investigations of Lower and Middle Palaeolithic Landscapes, Locales and Artefacts*. London and New York, Routledge.

Zimmer, C. 2005 *Smithsonian Intimate Guide to Human Origins*. Collins.

その他の図版引用文献

小林圭一 2008　「遺跡分布からみた亀ヶ岡文化期の地域相―宮城県北半・山形盆地・青森平野を例として―」『考古学』Ⅵ、84-118頁。

文化庁 2011　『発掘された日本列島 2011　新発見考古速報』朝日新聞出版。

宮田栄二 2006　「九州南東部の地域編年」『旧石器時代の地域編年的研究』241-273頁、同成社。

Akkermans, P.M.M.G. and G.M. Schwarty 2003 *The Archaeology of Syria: From Complex Hunter-Gatheres to Early Urban Societies (ca. 16,000-300BC)*. Cambridge University Press.

Bar-Matthews, M. et al. 1998 Eastern Mediterranean Region from Stable Isotopic Composition of Speleothems from Soreq Cave, Israel. *Water, Environment and Society in Times of Climatic Change,* edited by A. S. Issar and N. Brown, pp.203-214. Kluwer academic Publishers.

Bar-Yosef O. and F. R. Valla 1991 *The Natufian Culture in the Levant.* International Monographs in prehistory.

Byrd, B. 2005 Reassessing the emergence of village life in the Near East. *Journal of Archaeological Research* 13(3):231-290.

Mellaart, J. 1969 *Çatal Hüyük: A Neolithic Town in Anatolia.* Thames and Hudson.

Nadel D. & E. Werker 1999 The oldest ever brush hut plant remains from Ohalo II, Jordan Velley, Israel (19,000BP). *Antiquity* 73:755-764.

Oates, D. and J. Oates 1976 The Rise of Civilization. Oxford, Elsevier.

Verhoeven, M. 2004 Beyond boundaries: nature, culture and a holistic approach to domestication in the Levant. *Journal of World Prehistory* 18(3):179-282.

あとがき

　本書は先の『日本人とは何か』を受けて、『人間とは何か』と題して書きはじめたものである。人間そのもの（本性）の考察ではなく、私の議論は、人間の進化の過程で生まれた、人間の普遍的な一般的能力、とりわけ最近10万年間に見られた激しく厳しい気候変化（温暖・湿潤期と寒冷・乾燥期の交替）との"たたかい"で身につけた、さまざまな潜在的活動能力に焦点を当てようとした。

　ところが、2012年3月11日の東日本大震災から大きな衝撃を受けた。「東日本大震災の報道映像を毎日声もなく見つめ続けました。現場で力を振るうさまざまな職業の専門者たちの姿を凝視しながら、考古学者として無力を噛みしめました。『飢えでまさに死なんとする人を前に、文学は何ができるか』、若い頃に耳にしたそんな言葉が頭をよぎります。言葉もない、しかし……。／考古学とは、読んで字のごとく『古』を、しかも千年、万年単位で考える学問です。ただし考える主体である私たちは現在に生きています。だから考古学は考現学でもあるべきだ、そう主張してきました。その主張の真価が問われているのだと思います。考古学者としての私の正念場だと。／人類史は、絶滅寸前に至るほどの大きな自然災害を被り、人為災害を引き起こしながらも、その都度知恵を働かせ、能力を高めて、被災を乗り越えて復興・前進してきた過程だといえます。縄紋時代を例にとっても、1万4500年余前に起こった急激な温暖化に伴う海面の上昇で、沿岸の居住地が水没しました。7000年前頃にも、いっそうの海面上昇で関東平野などの低地部が海となってしまいました。温暖化だけではありません。縄紋時代に少なくとも4回の寒冷化があったことが分かっています。1800年間繁栄を享受したといわれる青森県三内丸山遺跡から縄紋人の姿が消えたのも、寒冷気候が大きな原因です。想像を絶する火山の大爆発

もありました。いち早く、大きな定住集落を形成していた南九州の縄紋文化の伝統の息の根を止めたのは、火山の大爆発でした。／縄紋人は自然と調和したエコな人々であった、こんな楽天的縄紋観が一時流布しました。それは気候が温暖で植物性食料が豊富な時期の話であって、縄紋世界の一面でしかありません。縄紋人はたえず自然とたたかっていた、こう言ったほうが事実に近いかもしれません。今回は、自然に依存して生きた縄紋人が、繰り返された自然の変化にどう対応していたか、目の前の危機に対応できないもどかしさを胸に秘めて、1年後、10年後の希望に託して、"災害考古学"の可能性を視野に入れながら、話してみたいと思います。」

　この文章は、2011年6月21日に東北芸術工科大学で行った公開講座「自然災害と縄紋人：自然への祈り」のチラシに書いたものだが、この文章をもって本書の「あとがき」としたい。

　　　　2012年5月

　　　　　　　　　　　　　　　　　　　　　　　　　　安斎正人

気候変動の考古学

■著者略歴■
安斎　正人（あんざい・まさひと）
1945年　中国（東北地方・海城）に生まれる
1970年　東京大学文学部考古学科卒業
1975年　東京大学大学院人文科学研究科博士課程退学
現　在　東北芸術工科大学東北文化研究センター教授
主要著書　『無文字社会の考古学』（六興出版）、『理論考古学』（柏書房）、『現代考古学』（同成社）、『旧石器社会の構造変動』（同成社）ほか

2012年9月10日発行

著　者　安斎　正人
発行者　山脇　洋亮
組　版　㈱富士デザイン
印　刷　モリモト印刷㈱
製　本　協栄製本㈱

発行所　東京都千代田区飯田橋4－4－8
　　　　（〒102-0072）東京中央ビル内　㈱同成社
　　　　TEL 03-3239-1467　振替00140-0-20618

©Anzai Masahito 2012. Printed in Japan
ISBN978-4-88621-611-3 C3021